释怀

如何获得内心的平静

江远舟 / 著

时事出版社
·北京·

图书在版编目（CIP）数据

释怀：如何获得内心的平静 / 江远舟著 . -- 北京：时事出版社，2025. 8 -- ISBN 978-7-5195-0676-6

I. B842. 6-49

中国国家版本馆 CIP 数据核字第 2025FJ3382 号

出 版 发 行：时事出版社
地　　　　址：北京市海淀区彰化路 138 号西荣阁 B 座 G2 层
邮　　　　编：100097
发 行 热 线：（010）88869831　88869832
传　　　　真：（010）88869875
电 子 邮 箱：shishichubanshe@sina.com
印　　　　刷：河北省三河市天润建兴印务有限公司

开本：670×960　1/16　印张：16　字数：185 千字
2025 年 8 月第 1 版　2025 年 8 月第 1 次印刷
定价：56.00 元
（如有印装质量问题，请与本社发行部联系调换）

前　言

　　人生如负重前行，行囊里装满得失、遗憾与执念。当我们困于过往，被未竟之事反复纠缠时，不妨学会释怀。这看似简单的放下，实则是通向内心平静的密钥，蕴含着深刻的人生智慧。

　　释怀是对自我的温柔赦免。生命中总有求而不得的遗憾、爱而不得的失落，或是力不从心的挫败。如同攥紧掌心的沙，越用力流失越快。有位画家因作品被否定陷入了自我怀疑，终日郁郁寡欢。直到他意识到，创作本就存在主观差异，与其纠结于外界的评判，不如专注于个人的内心表达。释怀后，他重拾画画的初心，找回了内心的安宁。那些困住我们的执念，往往是自我设限的枷锁，唯有释怀，才能从精神的桎梏中解脱。

　　释怀是与生活达成和解。人生无常，许多事无法强求。苏轼在宦海沉浮中领悟"回首向来萧瑟处，归去，也无风雨也无晴"的豁达，正是因为他学会了接纳命运的安排，放下了对得失的执念。生活不会

释怀：
  如何获得内心的平静

尽如人意，但释怀能让我们以平和的心态面对人生的起伏，将生命的重心转向当下的美好。就像四季更迭，我们不必执着于春天的短暂，而是要欣赏每个季节独特的风景。

释怀也是获得内心平静的必经之路。当我们放下对过去的悔恨、对未来的焦虑时，方能专注于此刻的感受。这种平静不是麻木，而是内心的丰盈与从容。它可以让我们在喧嚣中守住本心，在纷扰中保持清醒。学会释怀，就像为心灵打开一扇窗，让阳光与清风驱散内心的阴霾，让平静与安宁常驻心间。

学会释怀，你就能做平和的人，接受平凡与不完美，这是内心平静的开始；学会释怀，你就能做豁达的人，当心柔软了，你就能包容下整个世界；学会释怀，你就能做快乐的人，只有阳光的心态，才能拥有阳光的人生；学会释怀，你就能做幸福的人，因为爱与感恩，是生命中最美好的情感。

目录

第一辑 做平和的人
——接受平凡与不完美，是内心平静的开始

第 1 章 • 在红尘俗世修得一颗清净心
◎ 一念心清净，处处莲花开　　003
◎ 云在青天水在瓶　　005
◎ 得失从缘，随遇而安　　008
◎ 聆听生命的花开　　009
◎ 不争之境，自有天地　　011

第 2 章 • 接纳生命中的不完美
◎ 爱上不完美的自己　　013
◎ 被上帝咬过的苹果　　017
◎ 玉，有瑕疵才是真的　　020
◎ 月缺花落情更美　　023
◎ 错过：岔路口上的抉择　　026
◎ 给生命一些"留白"　　029
◎ 不妨悠然下山去　　032

| 第 3 章 | • 在平凡日子里找寻生活的光 |

◎ 柴米油盐中的安详　　　　　　　035

◎ 棉花糖，慢慢品，甜到心里　　　038

◎ 百合花开香心底　　　　　　　　042

◎ 瓦尔登湖，梭罗的湖　　　　　　045

◎ 诗意栖居：在精致中得道　　　　048

◎ 一箪食，一瓢饮，足矣　　　　　052

◎ 愿以一切所有，换取一刻时间　　055

◎ 种下一颗梦想的种子　　　　　　058

第二辑　做觉悟的人
——当心柔软了，你就能包容下世界

【第 1 章】· **善于倾听是一种修养**
　　◎ 给爱人耳朵：Say you，say me　　065
　　◎ 做孩子的听众　　069
　　◎ 倾听——给父母的礼物　　072
　　◎ 多倾听，取"真经"　　075
　　◎ 100％成为社交明星　　078

【第 2 章】· **同理心的力量**
　　◎ 不要紧，你心情不好　　082
　　◎ 每个生命都从不卑微　　085
　　◎ 君子，当成人之美　　088
　　◎ 得"理"别失"礼"　　092
　　◎ 要"我们"，不要"我"　　095

【第 3 章】· **对世界温柔以待**
　　◎ 我是医生，我要笑着面对　　099
　　◎ 不要让心"坐牢"　　102

- ◎ 蓝甲蟹的千年演变　　　　　105
- ◎ 抖落身上的"泥沙"　　　　　108
- ◎ 春去春又来，花谢花又开　　　112
- ◎ 假如生活欺骗了你　　　　　　114
- ◎ 在心田，盛放一朵紫罗兰　　　117

第三辑 做快乐的人
——阳光的心态，才能拥有阳光的人生

第1章 · **活着不是为了生气**
　　◎ 抖出鞋底的"小沙砾"　　123
　　◎ 低头的瞬间成全了爱　　126
　　◎ 不钻牛角尖，人也舒坦，心也舒坦　　129
　　◎ 给"气球"松松口　　133
　　◎ 你的汤是冷的，请加热　　136
　　◎ 珍惜"被利用"的价值　　139

第2章 · **调整脚步多往阳光处走**
　　◎ 耕好自己的"心田"　　143
　　◎ 好运气，能"制造"　　146
　　◎ 假装的艺术　　150
　　◎ 妈妈，我会面带微笑的　　153
　　◎ 别忘记摘个苹果　　156
　　◎ 放下，刹那花开　　160
　　◎ 当麻烦遇到幽默……　　163

第3章 • 不计较是你最大的福气

◎ 倒不如蓬门僻巷，教几个小小蒙童　166

◎ 不必羡慕玫瑰，你是一朵百合　169

◎ 我辈岂是蓬蒿人　172

◎ "石佛"的定力　175

◎ 没错，我就是黑桃 A　178

◎ 演好自己，你，就是主角　181

第四辑　做幸福的人
——爱与感恩，是生命中最美好的情感

第 1 章 · **让身心安住在当下**

◎ 普雅花：等待 100 年的花开　　187

◎ 人生没有"假如"　　190

◎ 一天的难处，一天担当就够　　193

◎ 弦断了，也要把曲子演奏完　　196

◎ 捡起脚下的蘑菇　　199

◎ 清茶伴炉，静享此刻　　202

◎ 花开堪折直须折　　205

第 2 章 · **爱是一切美好关系的起点**

◎ 岁月如海，友情如歌　　209

◎ 子欲养而亲不待　　212

◎ 用爱浇灌出幸福花　　215

◎ 每一条小鱼都在乎　　218

◎ 爱，多给自己一点点　　221

第 3 章	•	感恩生命中的所有经历	
	◎	吃得苦中苦，方为人上人	224
	◎	胡萝卜、鸡蛋和咖啡	227
	◎	没有根须，难为花朵	231
	◎	在心碎之处坚强起来	234
	◎	坚持，再坚持，打磨出金子	237
	◎	南瓜是用电锯锯开的	240

第一辑

做平和的人

「 接受平凡与不完美,
是内心平静的开始 」

「第1章」
在红尘俗世修得一颗清净心

漫漫红尘中，我们需要拥有一颗平静的心，心平气和、淡定从容，将这种感觉常驻于心，那么无论我们走到哪里，做什么事情，心中总会有一片碧海青天。静心是清明，静心是觉悟。从心出发的静修之旅，让我们有了包容万物的智慧，内心也得以真正地安宁。

◎ 一念心清净，处处莲花开

这是一位心理学专家提出的问题："什么是人生美事？"人们大多会列出一张清单：权力、美貌、健康、才华、爱情、财富……心理学专家却摇摇头，给出了答案——保持内心的平静，并叮嘱道："没有它，上述种种都会给你带来极大的痛苦！"

心是一片净土。如果没有良好的心态，压力等各种内外因素，都会加重生命的负担，心浮气躁，终使自己心力交瘁、不堪重负。俗话说，"世上本无枷，心锁困住人"。正如那句偈语所言："不是风动，不是幡动，仁者心动。"心静，周围乱也能变静；心乱，周围静也能变乱。

世间万物皆有心。天有天心，天心静，则万籁俱寂，幽然而静美；人有人心，人心静，则心若碧潭，静如流水……我们的"心"时时刻刻受到外部世界的冲击，若想做平和心静之人，就要使心安于平静的状态，多向内观少向外求。心静是心安的起点，一念心清净，处处莲

释怀：
如何获得内心的平静

花开。

有一天，天气酷热，诗人白居易前去拜访恒寂禅师，却见恒寂在房间内很安静地坐着。白居易就问："这里好热，怎不换一个清凉的地方？"

恒寂淡淡地回道："心静自然凉啊！"

白居易深受触动，于是作诗一首："人人避暑走如狂，独有禅师不出房。可是禅房无热到，但能心静即身凉。"

无论外界如何变幻，让自己的心静一点，再静一点，留给自己一方安宁的晴空，留给自己一隅思考的空间，就容易达到"致虚极，守静笃"的境界，让自己释然，让自己变得成熟和理智。这种精神修养与心理的抗干扰能力有着一定的关联，它无法被馈赠和积存，只有靠个人的修养与定力去体会。

事实上，我们的心本来是自然的、清净的，不造作也不染纤尘，只是被莫名的烦恼屏蔽后才变得杂乱垢染，念念无常，如同湖面泛起了涟漪。因此，我们需要时常自我净化，随时去观照自己的心念，如此才能慢慢摆脱妄执和贪恋，化烦恼为菩提。

有一个人每天都从自家花园里采撷鲜花到禅院敬供。一天，禅院的师父欣慰地对他说："你每天都虔诚地以香花供奉，据经典记载，常以香花供奉者，必得庄严相貌的福报。"

这个人听后非常欢喜，但也疑惑地问师父："的确，我每天来时，自觉心灵就像洗涤过似的清凉。但奇怪的是，我一回到家，心就乱了。我如何才能在任何时候都保持一颗清净的心呢？"师父反问他："你知道花朵如何保持新鲜吗？"

这个人回答："这很简单啊，只要每天换水，并且在换水时把花梗剪去一截，花就不容易凋谢啦。"

师父点了点头,说:"保持一颗清净的心和其道理是一样的。我们的生活环境像瓶里的水,我们就是花。唯有反思和检讨,改进陋习和缺点,不停地净化身心,我们才能不断吸收大自然的食粮。"

确实,心静是生活的一种思考,是人生的一种修为。在这个快节奏的时代,我们似乎总是在与时间赛跑,每一天都像是在经历一场没有硝烟的战争,脑子里塞满了各种数据、报告和决策,像是一台不断运转的机器,没有片刻的停歇。这样的生活,看似充实,实则空洞。因为在这样的忙碌中,你失去了思考的能力,失去了与自己对话的机会,更失去了那些可能让你灵光一闪、恍然大悟的闲暇时光。

思考,这个看似简单却至关重要的行为,往往需要在宁静和空闲中才能进行。就像是一杯浑浊的水,只有静置下来,才能让杂质沉淀,让清水浮现。我们的头脑也是如此,只有在空闲的时间里,才能将那些琐碎的信息、繁杂的情绪梳理清楚,找到问题的本质,确定未来的方向。而且,留出空闲时间,也是在善待自己。在忙碌的生活中,我们总是容易忽视自己的感受,忘记停下脚步去欣赏沿途的风景。当我们留出一些时间,给自己泡一杯茶,读一本书,或者只是静静地坐在窗前发呆,那些平时被忽略的美好就会悄然浮现。这样的时刻,就像是给心灵做了一次 SPA,让我们重新找回内心的平静和力量。

◎ 云在青天水在瓶

李翱是唐代思想家、文学家,他认为人性天生为善。他在担任朗州太守时,曾多次邀请药山禅师下山参禅论道,均被拒绝,所以李翱只得亲自登门造访。那天,药山禅师正在山边树下看经,即使是太守

释怀：
如何获得内心的平静

亲自来拜访自己，他也毫无起迎之意，对李翱不理不睬。

见此情景，李翱愤然道："见面不如闻名！"便拂袖而出。这时，药山禅师冷冷地说道："太守怎么能贵耳贱目呢！"李翱听罢，遂转身礼拜，一番攀谈后请教"什么是道"。药山禅师伸出手指，指上指下，然后问："懂吗？"李翱说："不懂。"药山禅师解释说："云在青天水在瓶！"

"云在青天水在瓶"，短短的七个字蕴含着两层意思：一是说，云在天空，水在瓶中，这是事物的本来面貌，没有什么特别的地方。只要领会事物的本质、悟见自己的本来面目，也就明白什么是道了。二是说，瓶中之水好比人心，如果你能够保持清净不染，心就像水一样清澈，不论装在什么瓶中，都能随方就圆，有很强的适应能力，能刚能柔，能大能小，就像青天的白云一样，自由自在。

"云在青天水在瓶"充满禅意，体现了为人处世的一种智慧。这是一种淡泊而高远的境界，源于对现实的清醒认识，追求的是沉静和安然，是洞悉人世之后的明智与平和，即保持一种荣辱不惊、物我两忘的平常心，也是我们最难得的精神状态。拥有一颗平常心，对待周围的环境做到"不以物喜，不以己悲"，对待周围的人事做到"宠辱不惊，去留无意"，内心也就获得了平静。

众所周知，李叔同是一位才华横溢的艺术家，是一位名扬四海的才子，集诗词、书画、篆刻、音乐、戏剧等于一身，在多个领域成就斐然。用他的弟子、著名漫画家丰子恺的话说："文艺的园地，差不多被他走遍了。"

但正当盛名如日中天之时，李叔同却顿悟了。他抛开一切世俗，削发为僧，自此过上了朴素极简的生活：除了一桌、一橱、一床，别无他物；每日早午两餐，过午不食，饭菜极其简单；视钱财如粪土，随到随舍，不积私财……正所谓物质越简朴，内心越丰盈，他严以律己，内外清净，日夜精进，声誉日隆，逐渐成为誉满天下的一代大师。正如丰子恺在《我的老师李叔同》一文中所说："李先生好比出于幽谷，迁于乔木，不是可惜的，正是可庆的。"

李叔同前半生与后半生的巨大变化，在常人看来是不可思议的，但他却以平常心淡定自若地完成了转化，释然地享受着"绚烂之极归于平淡"的生活，最终书写了极致绚烂的人生传奇。这就是"云在青天水在瓶"的一种极致境界。

可见，以平常心面对一切荣辱不是懦夫的自暴自弃，不是无奈的消极逃避，不是对世事的无所追求，而是人生智慧的升华，是生命境界的觉悟。这需要修行，需要磨炼，一旦我们达到了这种境界，就能在任何场合下，保持最佳的心理状态，从而实现圆满的"自我"。

明朝学者洪应明在《菜根谭》中说："此身常放在闲处，荣辱得失谁能差遣我；此心常安在静中，是非利害谁能瞒昧我。"意思是说，经常把自己的身心放在安闲的环境中，世间所有的荣华富贵和成败得失都无法左右我；经常把自己的身心放在安宁的环境中，人间的功名利禄和是是非非就不能欺骗蒙蔽我了。

保持一颗平常心，意味着遇事不骄不躁，"以出世之心，做入世之事"；保持一颗平常心，意味着压力下收放自如，始终有心情去感受宠辱不惊、花开花落的自在。

事事平常，事事不平常。平常心看似平常，实则不平常。

释怀：
如何获得内心的平静

◎ 得失从缘，随遇而安

人心之所以有喜有怨、有爱有恨，纷乱复杂，起伏不定，甚至陷于各种情绪的泥淖不能自拔，是因为我们有"分别心"，太过执着于自己的得失，得之喜，失之忧，很难做到得失从缘，随遇而安。

"风来疏竹，风过而竹不留声；雁度寒潭，雁去而潭不留影。故君子事来而心始现，事去而心随空。"这是古人对随遇而安的解释。意思是说，万事万物有来有去，所以应当抱有随遇而安的态度，事情来了就尽心去做，事情过后就要学会放下，保持自己的本然真性而不失。

北宋大文学家苏东坡有一首诗，写他在西湖上与友人饮酒遇雨："水光潋滟晴方好，山色空蒙雨亦奇。欲把西湖比西子，淡妆浓抹总相宜。"这对湖光山色的生动描写，不正是大师面对人间拂逆之事镇定自若、坦然自适的人生态度的生动写照吗？

苏东坡宦海沉浮四十年，三起三落却始终豁达，贬谪期间创东坡肉、修苏堤、办学堂，将困顿化作诗意人生。其《定风波·莫听穿林打叶声》中的"一蓑烟雨任平生"恰是其超然精神的写照，成为中华文化中乐观包容的永恒象征。

人生没有永远的坦途，人生的际遇也千差万别。面对同样的境遇，有的人愤愤不平，有的人却能随遇而安，让时光把人生的棱角磨平，让岁月把人生的羁绊冲散。

的确，随遇而安是一种智慧的生活态度。它可以使人保持一颗平静的心，使人能够理性地去看待生活和工作中的得与失、起与落。谁能做到随遇而安，谁就有宁静的心灵，就能在各种逆境中"失之东隅，收之桑榆"。周围的环境不利于才能发挥的时候，我们不妨韬光养晦，随遇而安，等待合适的时机，便可一鸣惊人。

校招季，林夏和陈默同时应聘一家互联网公司的运营岗位。入职后才发现，原定负责的项目因战略调整而被取消，所以部门临时安排两人转岗做用户调研。

林夏迅速调整状态，主动报名学习数据分析课程，不仅每天跟着前辈跑市场、做访谈，还把用户反馈的意见整理成可视化报告。三个月后，公司开拓新业务，急需既懂运营又熟悉用户的人才，林夏凭借积累的经验顺利晋升为项目负责人。

反观陈默，从得知转岗起就满腹牢骚，逢人便吐槽公司决策混乱，工作中也敷衍了事，总说"这不是我该干的"。试用期结束后，面对主管指出的问题，他仍抱怨大环境不好，最终未能通过考核。同样的职场转折，有人把变化比作跳板，有人把困境比作枷锁，不同心态让他们在职业赛道上渐行渐远。

生活中很多东西，你是无法左右的，比如出身、容貌、机遇。一个真正有智慧的人不会执着于其间的得失，而是随遇而安，乐观面对，安于脚下，把眼前的一切当作发展的动力。这不仅是一种淡泊宁静的人生修养，更是一种"君子藏器于身，待时而动"的蓄势。

◎ 聆听生命的花开

工作不仅是为了满足生活之需，还是为了让自己更快乐，让生活更美好，但是活着绝不仅仅是为了工作。如果为了工作舍弃一切，这既贬低了工作的价值，也不是生活的真意。

繁忙之余，不妨暂停一会儿，给自己一定的空间和时间，聆听花开的声音，观赏云卷云舒，让烦躁的心灵小憩一下，感受瞬间的美好，体

释怀：
如何获得内心的平静

味生活的点滴。这就犹如用一根希望的绳子，把我们拉出现实的泥沼。

沙漠里有一支古老的游牧部落，长期迁徙，居无定所，但是多年来他们有一个不变的习惯：在赶路时，皆会竭尽所能地向前走，但每次行走两天后，必定会停下来休息一天。世世代代皆是如此，从不例外。一位考古学家不解地问部落首领："你们为什么要这样做呢？"部落首领解释说："我们的脚步走得太快，而我们的灵魂走得太慢，走两天歇一天就是为了等我们的灵魂赶上来！"

美国作家约瑟夫·坎贝尔说："我们真正要探寻的不是生命的意义，而是活着的体验。"逃避不了城市的喧嚣，舍弃不下名利的诱惑，没有一颗淡泊宁静的心，当然无法解脱世俗牵绊。停下快节奏的脚步，让此刻的自己放松下来，静坐而听，多几分从容，少几分纷扰，就是等待灵魂的开始。

因此，当你感到疲惫不堪时，不妨从生活的繁忙中抽身出来，静心聆听生命的花开，静静感受生命的存在，让灵魂追赶上来，身心合一地继续前进。渐渐地，你就会发现，内心的世界越来越平静，越来越无边，从而能够从容淡定地穿梭在世界中，也更容易感受生活的酸甜苦辣，体会人生的无限乐趣。

亚利桑那沙漠的夏天，布莱克斯觉得自己可能会被热死，因为这里炙热的高温都快把土豆烤熟了。一天，他和朋友聊起这里可怕的夏天："这个该死的夏天，又将是炼狱般的生活！"

"你可别这么想。"朋友说道，"你不知道夏天会给我们带来哪些美好的礼物？"

"该死的夏天能带来美好的礼物？"布莱克斯不解地问。

朋友回答："你想想，六月的黎明，整个天空都是玫瑰红的云彩，那是多么美妙的景色啊；七月的夜晚，一抬头就可以看到满天繁星，那是多么有意境啊；再想想，中午是常人无法忍受的高温，但这时才能真正体会到游泳的乐趣呢！"

朋友的话让布莱克斯豁然开朗，从此他再也不抱怨酷暑了。清晨，他在凉爽的晨露中修剪玫瑰花；中午，他和孩子们舒舒服服地在家里睡觉；晚上，全家在院子里做冷饮、吃冰激凌。整个夏天，他们还欣赏了沙漠特有的日出和日落的壮观景象。

真是境随心转。用生命交织而成的声音，如同交响曲般拨动心弦，抚慰灵魂。或听春晨之鸟啼声清脆，生命在啼声中涌动如斯；或听夏夜虫鸣婉转流畅，感受生活的细腻美好；或听秋夜之雨淅淅沥沥，温柔地打在瓦片上，如同大自然的琴音，如同跳动的心灵。生活，正在有诗意的生命之音中栖居。

生命的乐趣绝不是不断地奔跑，而是感受多姿多彩的过程。忙时披星戴月，闲时修篱种花，在工作中体会成就，在平静中感受灵魂。

◎ 不争之境，自有天地

在时代的浪潮中，人人都在奋力划桨，试图抢占先机。然而，真正的智者却懂得在喧嚣中收敛锋芒，以"不争"的姿态，在岁月深处寻得生命的真意。不争，并非消极避世，而是一种看透本质后的从容，是对生命节奏的精准把握，更是穿越纷扰、抵达人生澄明之境的智慧。

春秋时期的范蠡，辅佐越王勾践卧薪尝胆、复国雪耻，立下不世之功。当众人皆以为他将位极人臣时，他却悄然辞官，泛舟五湖。彼时的朝堂暗流涌动，文种等功臣因功高震主接连遭忌，范蠡却以"不

释怀：
如何获得内心的平静

争"避开了权力倾轧的漩涡。他转投商海，化名鸱夷子皮，凭借卓越的商业头脑三次聚财千金，又三次散尽家财。在世人汲汲于名利之时，他不争权位、不贪财富，在进退取舍间，活出了洒脱的样子。这份"水善利万物而不争"的智慧，让他既成就了一段历史佳话，又收获了真正的自由与安宁。

现代社会中，同样有人深谙不争之道。被誉为"敦煌的女儿"的樊锦诗，在北大毕业后，放弃留在北京的机会，毅然奔赴大漠深处的敦煌。面对艰苦的环境与匮乏的资源，她没有丝毫抱怨，而是默默扎根敦煌五十余载。在保护和研究敦煌文化的道路上，她从不与他人比成果产出的速度，而是专注于每一幅壁画的修复、每一个项目的研究。正是这份"不争"的坚守，让她带领团队建立起"数字敦煌"，让千年文明瑰宝得以永续传承。她不争世俗眼中的功成名就，却在自己热爱的领域里，书写了最为璀璨的人生篇章。

不争，是对自我的清醒认知。当我们不再被外界的评价标准裹挟，不再盲目参与无谓的竞争，便能将精力聚焦于真正重要的事物。就像庄子笔下的大树，因"不材"而免于斧斤，得以尽享天年。看似是一种"无用"，实则是对生命本真的守护。不争，也是对他人的宽容与尊重。生活中许多矛盾冲突，皆源于对利益、地位的争夺，若能以不争之心待人，便能化解诸多纷争，收获和谐与善意。

真正的不争，是内心丰盈后的淡然，是目标笃定后的从容，是历经风雨后的通透。它让我们在浮躁的世界里，保持一份清醒与宁静，以平和的心态拥抱生活，在属于自己的天地里，绽放独特的光彩。

「第2章」
接纳生命中的不完美

缺憾，代表不完美。谁愿意拥有缺憾？但我们无法逃避，因为真正意义上的完美并不存在。我们所能做的就是平静地接受不完美的现实，不计较、不懊恼，怀着一颗包容的心看待一切。拥有这种轻松、满足的心态，我们才能生活得更好。

◎ 爱上不完美的自己

在生活中，你为什么过得不安心，甚至活得痛苦？不妨先检讨一下，你是否存在这样的想法："我的个子为什么不够高？""我的鼻子不够挺拔，眼睛也小了一点。"……这种觉得自己这也不行那也不好的自卑想法，往往会将人推向"完美主义"的自虐，或暴躁地烦恼，或压抑地消沉。

为什么会出现这样的后果？这是因为你忽视了一个最基本的现实，那就是"金无足赤，人无完人"。大千世界找不到一个完美无瑕的人，每个人身上都有缺点或不足，我们永远不可能成为一个完美的人，奢求自己完美的愿望永远不会实现。追逐不会实现的愿望，结果只会是失望。

一个未婚的男人来到一家婚姻介绍所，进了大门后，迎面又是两扇小门，一扇写着美丽的，另一扇写着不太美丽的。男人推开"美丽的"门，迎面又是两扇门，一扇写着年轻的，另一扇写着不太年轻的。男人推开"年轻的"门，迎面又是两扇门，一扇写着温柔的，另一扇写着不太温柔的。他推开"温柔的"门，这样一路走下去，男人又先后推开了后面的门：有钱的、忠诚的、勤劳的、好身材的、有文化的、幽默的。当他来到最后一道门时，门上写着一行字：您追求得过于完美了，到天上去找吧。

读了这个故事之后，不要以为它只是讲婚姻，其实它更是说明了一个道理：真正十全十美的人是找不到的，无论是他人，还是自己！

在看过一份权威性的材料之后，你也许会更加豁然开朗，心如明镜。

欧洲曾在瑞士举办了一次"最完美的女性"研讨会，与会者们一致认为，最完美的女性应该有意大利人的头发、埃及人的眼睛、希腊人的鼻子、美国人的牙齿、泰国人的颈项、澳大利亚人的胸脯、瑞士人的手、中国人的脚、奥地利人的声音、日本人的笑容、英国人的皮肤、法国人的曲线、西班牙人的步态……所有这些还是不够的，最完美女性还应有德国女人的管家本领、美国女人的时髦装束、法国女人精湛的厨艺、中国女人醉心的温柔……然而，即使上帝重新造人，也不可能集这些优点于一人。因此，与会者达成的共同结论是：真正完美的女人根本不存在。当然，男人也是一样。

为什么不喜欢自己？为什么讨厌自己？缺陷和不足人人都有，作为独立的个人，正是不完美让你区别于他人，让你显得不平庸。你就是你，你是独一无二的，你同样是上天创造的杰作，世界也因你的不完美而多了一点色彩。我们要像树叶一样，既然生长出来了，每天就要沐浴阳光，只有这样，自己的生命才能有色彩。因为树叶知道，自己有自己的特点，是别的树叶无法拥有的。

不要求自己成为一个完美的人，但要努力爱上那个不完美的自己。爱不完美的自己，就是用自己特有的形象来装点这个丰富多彩的世界。不知道你有没有发现，很多有魅力的人，并不是很好看，也根本称不上完美，但是他们身上都有一种很引人注目的东西，那就是自信。

丑女贝蒂被公认为是世界上最丑的女人，满嘴牙箍，身材肥胖，打扮土气。刚进入一家时尚杂志公司时，所有人都躲避她、嘲笑她，就连上司在每一次讨论工作时，也总是命令她和自己保持距离，但是她并没有因此自卑，而是每天都带着最灿烂的微笑，满腔热情、快乐自信地工作着。

贝蒂告诉自己的同事："我是丑女，我没有精致完美的长相，没有又翘又浑圆的臀部，但是命运已经给了我无法改变的瑕疵，与其耿耿于怀，不如坦然接受，我觉得女人必须对自己感到满意，尤其是不完美的自己。"尽管不时受到同事的嘲弄和陷害，但是贝蒂坚强的性格和聪明的才智常使她化险为夷。最终，她不仅赢得了所有同事的喜爱，也成了千万男人的梦中情人。

由此可见，一个人身上有没有缺陷和不足并不重要，重要的是自己敢于接受并正确面对这个事实。学着接受自己的缺陷和不足，心平气和地接受自己。容许自己不完美，你就会更满意自己、更爱自己。爱自己的人更自信、更有力量和勇气，就会追求更有意义的东西，这无疑是一个良性循环。

难道那些伟人都是那么十全十美、无可挑剔吗？绝非如此。任何人都有优点和缺点，不完美伴随我们每一个人从生到死。有些人之所以表现得优秀，是因为他们看到了自己的缺点，实事求是地对待自己的缺点，并且拿出勇气去革新和突破自己，努力将劣势转变为优势。

京剧大师梅兰芳在少年时期被人认为资质太差，天生不是唱戏的料子。的确是这样，戏剧最能传神的就是眼睛，但梅兰芳偏偏是个近视眼，双目无神；好的戏曲演员要有"余音绕梁，三日不绝"的好嗓子，但梅兰芳的嗓子不响亮。更糟的是，他脑子反应慢，记东西慢，学东西慢，这更是学戏的障碍。

不过，梅兰芳并没有因此而放弃戏剧，他决定一一克服这些缺陷。为此，他天天练眼神，几个小时目不转睛地盯着一个物体，练得久了就泪流不止，非常难受；为了练嗓子，他每天早上六点钟就起来吊嗓子；至于脑子反应迟钝，只有反复练、反复唱，他给自己立下了规矩：每一句非要练上30遍不可。

梅兰芳坚持不懈，一练就是十多年，终于弥补了先天的缺陷。他的眼神、台步、指法，一举一动，不仅姿势优美，而且与剧中人物的思想感情融为一体；他的唱腔悦耳动听，清丽舒畅；许多唱念做打的繁难功夫，一经他来演绎就显得那么驾轻就熟，得心应手，一代京剧大师由此诞生。

看到了吧，缺点并不可怕，缺点越多，越代表我们有更多需要完善的地方，欣赏自己的不完美并将它转化成动力，不断地完善自我，这才是最重要的。想来，正是缺点成就了梅兰芳的伟业，是先天的不足让他更加努力。如果没有这种刺激，他还能以超乎寻常的毅力改造自己吗？也许会，但效果或许有限。

奥黛丽·赫本，这位好莱坞的著名电影明星，她的身材并不完美，平胸、清瘦、手足细长，但是，她散发出来的气质让人觉得她就是一个完美女人。这是因为，奥黛丽本人对于自己的外表没有太多苛刻，她说:"每个人都有缺点和优点,将优点发扬光大,其余的就不必理会。"这一观点值得我们每一个人借鉴。

所以,不完美的一面也是生命的一部分,我们没必要因为自己比别人个子矮而自卑,也没必要因为自己身材不够美而气愤不已。正视自己的缺点,改变能改变的,完善能完善的,接受不能改变的,如此我们不仅不会被缺点拖累,还能使自己越来越接近完美,最终获得安然自得的生活。

◎ 被上帝咬过的苹果

缺少一部分,不完整,便是残缺。

说到"残缺",最典型的当数维纳斯雕像!她失去了双臂,却收获了惊世之美。残缺使她具备羞涩的美和娴静动人的魔力,成为美的代名词,也激发了不知多少人心中的维纳斯。可见,残缺使艺术因遗憾而完美。

如果一个人身体残缺,这无法说是一种完美,但要坚信:身体的残缺并不代表能力的残缺。身体残缺这个事实不能改变,但人生还要继续,只要勇敢面对,自强不息,就能改变自己的命运,就能拥有生命的意义。

有这样一个哲理故事。

一个小女孩自幼双目失明,因此常常悲观地认为自己是一个可怜的残疾人,每天都郁郁寡欢。一天,她问妈妈:"听说每个人都是上帝眼中可爱的苹果,可是上帝让我残疾,难道我不是上帝的苹果吗?"

妈妈说:"不,孩子,你这个苹果太可爱了,所以上帝忍不住多咬了一口。"

听了妈妈的话,小女孩犹如醍醐灌顶,心情顿时开朗。从此,她不再因失明而自卑,而是把这看作上帝对自己的特别厚爱。她开始振作起来,接受命运的挑战。经过一番辛苦的努力,她成了远近闻名的盲人钢琴师。

"你这个苹果太可爱了,所以上帝忍不住多咬了一口。"把人生缺陷看成"被上帝咬过一口的苹果",这样的比喻是何等的奇特,又是多么豁达乐观。尽管这有点自我安慰的阿Q精神,可是,人生不如意事十之八九,这个世界上谁不需要找点理由自我安慰呢?更何况,这个理由是这样的善解人意、幽默可爱。

残缺并不可怕,可怕的是残缺后失去对生活的希望,从而成为一个无所作为的人。不过,不管在哪里,我们总能发现一些人,他们虽然身体上存在残缺,但是拥有超乎我们想象的毅力。他们能够忽视自己的残缺,跟命运做顽强斗争,用行动来填补残缺。正是这种毅力,让他们创造出令世界都为之震撼的奇迹。

英国人艾莉森·拉佩尔天生残疾,从出生之日起就没有双臂,双腿也特别短小,看上去很可怕。这是一种名为"海豹肢症"的先天残疾。出生后几周内,拉佩尔被母亲送到"残疾人之家",一两岁的时候,她开始意识到自己已经被父母抛弃,但她没有丧失信心,没有丧失对生活的向往,相反,这更加激起了她对生命、对美好生活的渴望。

拉佩尔3岁时就开始学着用自己残疾的脚摆弄画笔,到16岁时,她用脚创作的绘画作品已经能够在当地的绘画竞赛中获奖。17岁时,拉佩尔在一家残疾人评估中心接受各种技能训练,以提高自己在社会中的适应能力。19岁时,拉佩尔已经有独立生活的能力了。之后,拉

第一辑 做平和的人
——接受平凡与不完美，是内心平静的开始

佩尔进入布莱顿大学艺术学院学习，开始了一项新创作：以自己的身体为原型进行艺术创作。通过摄影、绘画，拉佩尔用不同的方式展现自己并不完整的身体。

凭借刻苦努力，拉佩尔成为一名著名的画家和摄影家，改变了自己的命运。用她的话说，她的目的就是让整个社会了解："残疾就一定与美丽无缘吗？它不可以让人们产生除了'厌恶''怜悯''同情'之外的感受吗？我正在向世界展示，答案是否定的。美存在于一切事物之中。"伦敦前市长肯·利文斯顿这样形容拉佩尔："艾莉森展示给我们的是她与命运的抗争。这是一件关于勇气、美丽和抗争的作品，艾莉森是现代社会的女英雄，坚强、可敬，给人们带来希望。"

拉佩尔没有双臂，双腿也特别短小，她的身体是残缺的，但是她没有因此沮丧，而是平静地接受了自己的残缺，并且对生活充满了热情，最终成为一名著名的画家和摄影家，改变了自己的命运。她用残缺向世人展示了不残缺的梦想。这是一曲用残缺震撼灵魂的赞歌，它将永远回荡在人们心中。

是啊！残缺因认真对待而绽放出生命最深层的潜力，残缺演绎了多么感人的篇章，残缺创造了多少伟大的人间奇迹。失明的文学家弥尔顿，失聪的大音乐家贝多芬，不会说话的天才小提琴演奏家帕格尼尼……如果用"上帝咬过的苹果"的理论来推理，他们也都是由于上帝特别喜爱，被狠狠地咬了一口的缘故。

所以，面对身体的残缺，我们不必为此痛哭流涕、怨天尤人，更不能自暴自弃，失去生活的信念。最好的办法就是坦然接受，并且自我安慰：我是被上帝咬过的苹果，只不过上帝特别喜欢我，所以咬的这一口更大罢了。

心有多大，舞台就有多大。只要拥有信念和一颗上进的心，即使身体残缺，也有权利享受行云流水般的生活，并开拓出属于自己的人生舞台。在那时，人们将看见另外一种美，一种乐观而坚强的美。

◎ 玉，有瑕疵才是真的

生活总有不完美，总有不如意。古今文人墨客们用自己的一腔愁绪、满心无奈将人生的缺憾化诸笔端。苏东坡低诉："人有悲欢离合，月有阴晴圆缺，此事古难全。"南宋方岳低吟："不如意事常八九，可与语人无二三。"

因为不想存留缺憾，许多人凡事追求尽善尽美，而生活中的失落、痛苦和不幸正源于此。不可否认，追求完美本身无可厚非，这是一种浪漫的憧憬与希望，但凡事都要适度，如果过于执着而耿耿于怀或不肯改变，眼中看到的多是不完美，那么就会一次次与机遇擦肩而过，与成功遥遥相望，最终落得两手空空。

我们来看一个小故事。

有位渔夫非常幸运地从海里捞到一颗晶莹剔透的大珍珠。他爱不释手，但美中不足的是，珍珠上面有一个小小的黑点。渔夫想，如果能把小黑点去掉，珍珠将完美无瑕，变成无价之宝。于是，他刮去了珍珠一部分表层，但斑点还在；他又狠心刮去一层，斑点依旧存在。于是，他不断地刮下去。最后，黑点没有了，而珍珠也不复存在了。渔夫无比忏悔地说："我若不去计较那个小黑点，现在手里还攥着一粒硕大而美丽的珍珠啊！"

这个渔夫是无知且可悲的。他想把珍珠上的小黑点去掉，得到一颗完美无瑕的珍珠，但在他消除了所谓的瑕疵时，珍珠也不复存在了，美消失在他追求完美的过程中了。殊不知，有黑点的珍珠虽白璧微瑕，但正是其不着痕迹、浑然天成的可贵之处。这种美，美得朴实，美得自然，美得真切。

玉，有瑕疵才是真的。我们可以尽最大的努力接近完美，但永远不可能达到完美。这种概念，在我们头脑中必须牢固确立。凡事切勿苛求，重在勤恳务实，你会发现自己有信心，而且更有能力和创造力，如此也就很少感到失意。或者也可以这样说，学会接受不完美，则凡事都会完美。

一位得道的高僧，由于年老体衰将不久于人世。他打算从徒弟们中找一个接班人，于是对徒弟们说："你们出去给我捡一片最完美的树叶，谁找到了谁就是我的传人。"到底什么树叶才是完美的呢？徒弟们领命而去，各自奔走。

这时候，一个弟子心想：每一片树叶都有各自的特点，哪有最完美的树叶。于是，他便在附近树林里随便捡了一片完整无损并且很干净的树叶带了回去。天黑了，其他徒弟都累得气喘吁吁，也没能找到那片"最完美的树叶"，最终空手而归。

最后，高僧把衣钵传给了第一个捡回树叶的弟子，他告诉众人："世界上没有完美的叶子，世界上也没有绝对的完美。如果都是完美的，哪还有喜怒哀乐，仪态万千？接受不完美，才算真正领悟到了人间真谛啊！"

世上没有十全十美的事，生在繁杂都市更是如此，万事都不一定是圆满的，又何苦执迷于那不可求的圆满呢？放弃完美的追求，不必刻意去做任何事情，踏踏实实地尽己所能，就可以问心无愧，就可以

释怀：
如何获得内心的平静

享受到鲜花和掌声！由此可见，接受不完美，是生存的智慧，是成功的技巧。

世界顶尖高尔夫球手鲍比·琼斯是唯一一个赢得高尔夫"年度大满贯"（包括美国公开赛、美国业余赛、英国公开赛和英国业余赛）的人，被称为"美国高尔夫史上最优秀的业余选手"。在高尔夫球员生涯的早期，鲍比·琼斯总是力求每一次挥杆都完美无缺。当他做不到时，他就会打断球杆、破口大骂，甚至愤慨地离开球场。这种脾气使得很多球员不愿意和他一起打球，而他的球技也没有得到提高。

通过这些教训，鲍比·琼斯渐渐了解到一个事实：一旦打坏了一杆，这一杆就算完了，就必须尽力去打好下一杆，而不该耿耿于怀。只有静下心来，调适好心态后，才能真正开始赢球。对此，他这样解释说："我终于明白了，要对每一杆有合理的期望，力求表现良好、稳定才能取胜，而不是寄希望于非常完美地挥杆来成就。"

通过鲍比·琼斯的成功事例，我们可以得出一个结论。完美主义者的思路是：太高的目标→极易失败→心灰意冷→更高的目标→再次失败→自信再遭打击→更完美的要求。相反，接受不完美的思路及其实际效果是：较低或较容易的目标→完成或成功→自信→更高的目标→更自信。

从某种意义上说，人们不正是因为不完美才有了追求和奋斗的目标吗？做人最大的乐趣是通过奋斗达到想要的目的。有句广告词颇有哲理，"人生没有最好，只有更好"。倘若一个人事事都追求完美，从某种意义上说是极其可怜的，因为他无法体会有所追求的幸福感受，这样的人生还有什么意思呢？

"我走过阳关大道，也走过独木小桥。路旁有深山大泽，也有平坡宜人；有杏花春雨，也有塞北秋风；有山重水复，也有柳暗花明；有迷途知返，也有绝处逢生。"这是季羡林多彩的人生。之所以多彩，是因为它的不完满。所以，季老在《不完满才是人生》中写道："每个人都争取一个完满的人生。然而，自古至今，海内海外，一个100%完满的人生是没有的。所以我说，不完满才是人生。"

事情不完美不是残缺，而是另一个方向上的成就，是另一种意义的收获。就如同一个残缺的木桶，虽然你在每次担水回家之后都无法获得一整桶的水，但是一天、一月、一年，从残缺的木桶中滴落的泉水浇灌了路旁的花籽，也许某一天，你会收获路旁各色的小花，淡淡的花香，也格外的美丽。

◎ 月缺花落情更美

爱情是心灵的寓所、情感的归宿，是我们在心中编织的一个美丽的梦。这个梦是完美无缺的，却往往因现实的残酷而充满遗憾。遗憾的是，你苦苦追求，却还是没有机缘；遗憾的是，你苦苦思念，却还是不能执手相伴；遗憾的是，你们明明相爱，却只能擦肩而过，渐行渐远。

面对情感上的遗憾，不少人会颇为伤痛、倍感心碎，将"遗憾"两个字挂在嘴边，刻在心上，纠缠在遗憾里面，一遍一遍地问天问地，沦为痴男怨女。结果呢？不仅折磨了自己，辜负了美好的生活，还有可能阻断了追求真爱的路，错过一生真正的爱人，何必呢？

要知道，世上有很多事可以求，唯独缘分是难求的，所有无法走到一起的人，不是无缘或无分，就是有缘无分。感情是一份没有答案的问卷，苦苦追寻并不能让生活更圆满。学着看淡一点，接受一些遗憾，宽恕一些遗憾，也许有一点失落，或一丝伤感，但它会让这份答卷更隽永。

弗朗西斯卡是美国艾奥瓦州一位农夫之妻。她贤淑、善良，和丈夫及一双儿女在自己的农场里过着单调而平静的日子，既没有特别令人揪心的事，也没有令人激动万分的事。这种状况一直延续到她遇到罗伯特·金凯为止。

罗伯特·金凯是个天才摄影家。一个夏日，他来到弗朗西斯卡所在的农庄附近，想拍摄当地一座颇有历史的廊桥——罗斯曼桥。偶然间，弗朗西斯卡成了罗伯特的领路人，当时正巧丈夫和儿女不在家，时间和空间为这对中年人提供了滋生爱情的条件。在短暂的四天时间里，弗朗西斯卡和罗伯特·金凯迅速坠入爱河。他们一起到廊桥去拍摄美丽的风景，一起吃着烛光晚宴，一起就着音乐翩然起舞……总之，他们忘记了一切，共沐爱河。

然而，罗伯特·金凯的工作性质注定他云游四海、漂泊四方，不可能像普通人那样过着居有定所的生活；弗朗西斯卡还有自己的丈夫和儿女，她不可能为了他抛弃这一切。最后，罗伯特·金凯带着遗憾走了，但双方自此留在了彼此的心中。年复一年的缠绵思念，刻骨铭心，凄婉绝伦……

这就是著名电影《廊桥遗梦》阐述的故事。不可否认，男女主人公是真心相爱的，但命运与缘分的捉弄使他们不能厮守终身，只能各奔东西，后半生也要抱着深深的遗憾生活。也许世间最大的悲剧莫过于两个相恋的人不能牵手一生一世，但正因为有了遗憾，那份情义才越发显得弥足珍贵，既浸入骨髓又超然永恒，感动了千千万万的观众。

试想，如果当初弗朗西斯卡选择抛夫弃子，放弃家庭的责任，随

第一辑 做平和的人
——接受平凡与不完美,是内心平静的开始

罗伯特·金凯私奔他乡,这个故事也就落入了普通的不能再普通的移情别恋的俗套,而且他们真的能够情比金坚、相伴一生吗?即使他们能白头偕老,那又何来浪漫且刻骨铭心的爱情经典?!月缺令人感慨,花落令人心碎,不完美往往才是完美。

所以说,苦苦追求却没有机缘,苦苦思念却不能执手相伴,这种遗憾并不可怕,可怕的是不放弃遗憾,终身为遗憾所累。智慧的人总会在遗憾的时候静下心来,平复和化解心中的遗憾之殇,细细地品味遗憾之美,如此深深的痛苦就不会光顾心房,而且悲壮之余会有更深刻的感悟,情感在心里会是圆圆满满的。

事实上,许多感情不管结果如何,只要有过那种让心灵为之震动的感觉,本就是一种富有,一个温暖的感情矿藏,一种生命中最厚重的拥有。"两情若是久长时,又岂在朝朝暮暮",两人只要能彼此真诚相爱,即使天各一方,也犹如近在咫尺。

1920年秋,在风景如画的英国剑桥,徐志摩结识了林徽因,他们畅谈理想、纵论人生,在文学艺术的天堂里徜徉交心。思想上的沟通、感情上的融合以及对诗情的理解使两颗年轻的心不断靠拢,徐志摩燃烧的眸子里写满了对林徽因的眷恋。面对徐志摩的主动追求,林徽因不是没有动心,她惊惶、喜爱、羞涩、愉悦。

但是阴差阳错,命运终是没有笑对徐志摩。林徽因后来跟建筑界的才子梁思成结婚了。因为徐志摩那时候还没有和妻子张幼仪离婚,林徽因那般高贵,自然不会将这段看似才子佳人的爱情故事演绎下去。不过,林徽因自此成了徐志摩心中永远的完美女神,而林徽因对徐志摩则是比真正的爱情少一点点,比纯粹的友情又多一点点,两人互相关心和理解,尤其在文学上更是经常切磋。

释怀：
如何获得内心的平静

"我将在茫茫人海中寻访我唯一之灵魂伴侣。得之，我幸；不得，我命。"这可以说是悲情诗人徐志摩为自己短暂的一生写下的注脚。虽然徐志摩和林徽因只有灿烂的爱情而没有停泊的归宿，但是这种无法真正言明的感情刻骨铭心。也正因为诗情和激情的幻想，才孕育出了热爱"爱、自由和美"的浪漫才子徐志摩。

诗人的爱情尽管有遗憾，是万丈红尘中的空望，是洗却铅华后的暗伤，但也留下了人间真情，闪耀着日月的光芒。有过情感遗憾的人，必定是感受过深切痛苦的人，这样的人付出过最真的心，也必定真实地活过。

是的，美丽的爱情有写不完的遗憾，不过爱情不会因遗憾而缺失本有的心灵温暖、灵魂悸动，它依然可以是一段美好的时光、一段温馨的记忆。接受遗憾的爱情吧，让它以一种别样的美丽存放在我们心里：一个是太阳，一个是月亮，太阳和月亮从不厮守，但谁不说它们天长地久？！

◎ 错过：岔路口上的抉择

生命中一些极美极珍贵的东西，常常与我们失之交臂，而这些错过往往会变成一把锋利的刀子，一刀一刀地在我们心上剜出血来。所以有人说，但凡世间的美好事物都暗藏了一些遗憾，错过是最深刻的痛苦，几多愁思，几多无奈。

但是，跋涉在漫长的生命之旅中，我们每一个人是否可以将一路的美景尽收眼底，不留一丝遗憾呢？这是不可能的，甚至大多数的时候我们常常错过它们，毕竟我们的视野、时间和精力有限。如果不肯

第一辑　做平和的人
——接受平凡与不完美，是内心平静的开始

错过一些景色，为此殚精竭虑、费尽心机，那么很可能身心疲惫，错过前方更迷人的景色。

从前，一个热爱旅行的人听说有一个遥远的地方景色绝佳，于是决定不惜一切代价也要找到那个地方，一览秀色。经历了数年的跋山涉水、千辛万苦后，他的盘缠用光了，身心疲惫，但目的地依然遥遥无期。

这时，有位智者给他指了一条岔路，告诉他美丽的地方有很多，没有必要非得去那个地方。旅行者按智者的话去做了，不久，他就看到了许多异常美丽的景色，于是赞不绝口，流连忘返，庆幸自己没有一味地去找寻那个美丽的地方。

在错综复杂、变幻无常的现代生活中，我们每个人不可避免地都会有很多的错过。比如，错过了绚烂的朝霞和夕阳，错过了青春年少的创业资本，错过了使事业走向高峰的机会，错过了……虽然错过是一种令人伤感的遗憾，但是错过能使我们看清自己、认清方向，拓展生命宽度，成就人生高峰。

更何况人生总是有得有失，有成有败，"失之东隅，收之桑榆""塞翁失马，焉知非福"，已经错过的就错过了，也许得到它并不是最明智的选择，有时候错过会有意想不到的收获，能遇见别样的美丽。西方也有一句谚语同样表达这样的情景：上帝为你关闭了一扇门，就一定会为你打开一扇窗。

美国著名的哈佛大学要在中国招一名德才兼备的学生，这名学生的所有费用由美国政府全额提供。初试结束了，有30名学生成为候选人。考试结束后的第10天是面试的日子，30名学生及其家长聚集在一家饭店等待面试。

释怀：
如何获得内心的平静

当主考官劳伦斯·金走进饭店大厅时，大家一下子围了上去，迫不及待地做起了自我介绍。一名学生由于起身晚了一步，没来得及围上去，等他想接近主考官时，主考官的周围已经是水泄不通了，根本没有挤入的可能。"唉，真遗憾，我就这样错过了接近主考官的大好机会！"学生懊恼起来。正在这时，他看见一个异国女人有些落寞地站在大厅一角，像是遇到了什么麻烦。于是，他走过去彬彬有礼地问道："夫人，请问您有什么需要我帮助的吗？"接下来，两个人聊得非常投机。

出人意料的是，这名学生居然被劳伦斯·金选中了。"在30名候选人中，我的成绩不是最好的，而且我错过了跟主考官直面交流的最佳机会，怎么会是我呢？"学生自己都感到疑惑，后来他才知道那位异国女子是劳伦斯·金的夫人。

错过并不等于失去，错过也并不一定是遗憾，有时甚至可能是圆满。

还有这样一则故事：一位教授没有被心仪的大学成功聘用，于是他回到乡下开始了田园生活，种种菜、养养鸡鸭，享受着最自然的风光。他错过了城市的亮丽多彩，错过了城市里有滋有味的生活，而去乡下体验农家的快乐，"采菊东篱下，悠然见南山"。这是何等的诗意、何等的自由，又何尝不是一种美丽呢？

的确，当你错过了进剧院的时间，但在剧院门口遇到了多年不见的好友时，你还会叹息这次的"错过"吗？当你在雨天错过了一辆公交车，你也许会懊悔，但如果因此你买到了心心念念的诗集时，你还会怨恨这次的"错过"吗？"错过"编织了我们人生的经纬网，见证着我们色彩斑斓的生活。难道不是吗？

昙花错过了与白天相聚的时光，选择在黑夜中绽放它的光芒，于是就有了黑夜里蓦然出现的一方娇艳；梅花错过了与春天的温馨约会，选择在凛冽的寒风中开放，于是就有了在冰天雪地里一株灿烂开放的孤傲身影……懂得错过，是一种领悟，是一种选择，也是一种体会。错过需要勇气，也需要智慧。

因此，不要为错过而惋惜，不妨大气地接受这种遗憾，在深深的思索中把它理解成一种警诫、一种提醒。凭着对未来的希望和憧憬，激励自己奋力前行，去寻找另一个目标，"力挽狂澜于既倒"，增加生命的厚度。最后，你仍然可以说："虽然错过了太阳，但我抓住了月亮和群星。"

◎ 给生命一些"留白"

每个人都期望自己的人生充实而圆满，不想留下一丝一毫的遗憾，渴望填满生命里的沟沟壑壑。因此，很多人习惯以"超人"自诩，"我是超人，我要办许多事，我能办很多事情"，大包大揽身边之事，事必躬亲。

可是，没有人是三头六臂、无所不能的，即使再优秀的人，精力和体力也是有限的。什么事情都想干，什么事情都想干好，让自己背负太多，往往身心疲惫以致什么事都干不好，遗憾更多。"月盈则亏，水满则溢"，自然的法则，无人能超越。

关于诸葛亮，大家都不陌生。在辅佐刘备的二十多年里，足智多谋、临危不惧的诸葛亮献计献策，鞠躬尽瘁，成为蜀国的丞相。特别是在刘备去世后更是如此，他将行政与军事大权集于一身，事事插手，件件操心，日理万机。

释怀：
如何获得内心的平静

结果，诸葛亮虽面面俱到，但毕竟分身乏术，曾经六出祁山伐魏都以失败告终，累垮了自己不说，最终"出师未捷身先死，长使英雄泪满襟"，只能带着遗憾离开人间，三国之中，蜀汉最先灭亡。

"出师未捷身先死"，与诸葛亮苛求完美、事必躬亲不无关系。

在这里，不禁要问，你欣赏过南宋画家马远的《寒江独钓图》吗？画面上，除一舟、一翁，几笔淡墨之外，空空如也。然而，就是这片空白给人以无限遐想的空间、回味无穷的意境，那是一种无言的诉说。江天辽阔、寒意袭人，诉说地老天荒、无奈悲凉……这就是国画的"留白"艺术。

而人生何尝不是一张更大的宣纸呢？别总把自己逼得太紧，给生命一些"留白"吧。因为除了精神和心灵领域，我们对其他领域也是无知的，即使有知，我们也要留出一大片领域让他人自由往来，各领风骚。说得再明白一点，人要学会有所为有所不为。

有所为有所不为，从一定意义上说是一种遗憾，但并非不思进取，消极遁世，慵懒沮丧，裹足不前。从本质上讲，这要求我们权衡轻重、利害、得失，做出正确的选择。

人生要学会"留白"，圆满未必艺术。舍弃不重要或不宜做的事情，把自己最大的精力和智慧投入到最值得的事情上，成功便不再遥远，人生便不再纠结。有些人之所以活得幸福、活得安心，并不是因为他们足够完美，而是他们能够把握"有所为"和"有所不为"的界限，适当给生命"留白"。

国际著名的设计师安德鲁·帕拉第奥就是因为放弃了"超人"的想法，学会了给生命"留白"的智慧，最终不仅取得了斐然的业绩，还过上了松弛有度、安然洒脱的日子。下面，让我们来看看他是如何

第一辑 做平和的人
——接受平凡与不完美，是内心平静的开始

做到的。

安德鲁·帕拉第奥曾经以为自己是一个无所不能的"超人"。他除了每天进行设计和研究工作外，还负责公司制度的制定、考勤等事务，几乎亲身参与了公司的每一件工作。他整天忙得晕头转向，但作品的质量却常常不尽如人意，公司也没有取得令人骄傲的成绩。安德鲁对此很不解，便去请教一位教授。教授给他的答案是："你大可不必那样忙！关键在于分好工作内容的主次。"

听到这句话，安德鲁瞬间醒悟了。原来，他很大一部分时间一直都浪费在管理乱七八糟的事情上，而最重要的设计工作反而只占用了一小部分时间，由于时间紧迫，作品的质量自然就受到了很大影响。从此，安德鲁调整了时间的分配，他洒脱地把那些无关紧要的细小工作交给助手去做，自己则把时间集中用在设计工作上，然后，把所有精力拿来思考如何实现与重要客户的交易，以及公司如何能够获得最大利益等。

当然，公司并没有因为安德鲁的"撒手不管"而乱成一团糟，或者停滞不前；相反，公司焕发出了鲜明的活力，在设计界的地位也越来越重要。安德鲁过得逍遥自在，工作业绩斐然，还写出了建筑界的"圣经"——《建筑四书》。

学会有所为有所不为，通达和坚守一并而行，有取有舍，有进有退，这是一种成熟且智慧的生活态度。在日常生活中，我们每天要做的事情的确很多，你不妨开一张清单，将要做的事情设定明确的顺序，知道优先做什么，重点在哪里，可做可不做的事情则可暂时放一边，或者交由他人处理。

水墨"留白"，可得磅礴之气；心灵"留白"，叫人聪颖豁达。那么，给生命"留白"，就是充实生命。给生命"留白"，有所为有所不为，生命就有了缓冲的余地，有了可收可放的活动空间，就可以从容地调整进退，就会滋生出无穷无尽的留恋和回味，天高地阔，山高路远。如此一来，也就赢得了安然淡定的人生！

◎ 不妨悠然下山去

任何人无论做任何事情，都必定有他的极限，必定有他的最大承受能力，必定有他能达到的最大高度。可惜有些人不懂得这个道理，为了标榜成功不承认极限，时刻都想拓展自己的空间，展示自己的才华，做无能为力、力所不及之事。

一天，森林中举办比"大"的比赛。一头老牛走上擂台，它的身躯庞大，动物们高呼："大。"大象登场表演，它只跺了跺脚，动物们就高呼："大。"这时，台下的一只青蛙不服气了："哼，难道我不大吗？"它"嗖"地跳上擂台，拼命鼓起肚皮，高喊："我大吗？"台下传来一片嘲讽之声："不大"。青蛙不服气，继续鼓肚皮，结果嘭的一声，它的肚皮鼓破了，一命呜呼。

这个故事启迪我们：明知不可为而强为之，这是笨蛋的愚蠢和贪婪。

的确，生活在竞争激烈的现代社会中，我们要取得优势就该将自己的目标定得大些、定得高些。但是，追求的目标过大，锁定的目标过高，而自己又不具备相应的能力和实力，不可为而为之，超过极限，只会得到英雄主义般的"悲壮"，只会在成功路上屡屡摔跤，落得人财两空。

第一辑 做平和的人
——接受平凡与不完美，是内心平静的开始

美国教育家里维斯写过一则寓言故事《动物学校》，大意是：为了应对自然界的种种挑战，动物们创办了一所超级技能学校，鼓励所有的动物精通奔跑、游泳、爬树和飞行等生存技能。为此，鸭子不得不学习跑步，兔子不得不练习游泳，松鼠不得不练习飞行……结果，它们个个严重受伤，考试不及格。

看到鸭子学跑步、兔子学游泳、松鼠练飞行……是不是很滑稽，但你可能就是其中一员。比如，你现在是一个技术型的员工，不懂管理，但你却一心想往行政职务上升迁，那么即使你再努力，进步也是非常慢的，很难得到公司的提拔。即使你真的有幸被提拔成为管理人员，你的能力也很难做出理想业绩，迟早还是会退下来。

诚然，每个人都渴望创造一番伟大的成就，但是林肯说过"自然界里的喷泉的高度不会超过它的源头"，了解和承认自己的能力和局限，做自己能做的事，量力而行，恰到好处，当行则行，该止则止，才能使有限的生命发出适度的光芒，从而为自己的心灵带来幸福和满足。

有一位登山运动员曾经有幸参加了攀登珠穆朗玛峰的活动。珠穆朗玛峰的最高海拔为8848.86米，当他爬到海拔6400米的高度时，因为体力不支便停了下来，悠然下山了。事后，许多朋友都替他惋惜，认为他已经走了四分之三的路程了，如果能咬紧牙关挺住，再坚持一下，再攀登那么一点点就上去了。

没想到这位运动员却不以为然，轻轻一笑，十分平静地说："不，我自己最清楚，6400米的海拔高度是我登山生涯的最高点，如果我再攀登的话，可能就会丧命呢。我已经尽力了，所以我对此一点都不会感到遗憾。"

释怀：
如何获得内心的平静

对于这位登山运动员来说，6400米就是他的极限和最大承受能力。他懂得保存自己的实力，淡然地做自己能做的事，悠然下山去。谁又能说，这不是真正的英雄呢？做自己能做的事，只要用尽全力，竭尽所能，自己问心无愧，最后实现了什么目标，达到了什么高度，其实并不重要，也没有什么遗憾。

一个人应当做他能做的事，法国作家罗曼·罗兰在其著作《约翰·克利斯朵夫》中借用主人公之口说了一段精彩的话："如果不行，如果你是弱者，如果你不成功，你还是应该快乐。因为那表示，你不能再进一步，你干嘛要抱更多的希望呢？你干嘛为了做不到的事而悲伤呢？一个人应当做他能做的事……竭尽所能。"

做自己能做的事，怀揣标尺上路，让它既督促我们不懈攀登，又提醒我们恰到好处、适可而止。这并不是放低要求、无所追求、虚度人生，而是一种理智的清醒，是一种务实的智慧，是一种人生的准确定位，是一种可贵的脚踏实地，是一种成功的必由之路。

在实际生活中，办企业可以获得成功，进行金融投资也可以获得成功，他们的成功来自对自己实力的了解和把握。办企业的人没有去炒股或者投资房地产，那是因为他知道自己的能力是办企业，其他的领域就是能力范围之外了；进行金融投资的人没有去办企业，那也是因为他们只做自己能做的事。

当你对做某件事情力不从心、步履艰难，甚至倍感失意的时候，请先静下心来审视自己，是否在做自己无能为力的事？如果答案是肯定的，如果你足够聪明，就应该学会选择；如果你足够勇敢，就应该学会舍弃，悠然下山去。

「第3章」
在平凡日子里找寻生活的光

平平淡淡，悠悠闲闲，随意笑，随意嗔，无须别人仰视，静静地迎送每一天的朝霞与夕阳。谁说这是平凡？这是韵律悠长的生活，这是生生不息的生命。这仅仅需要一点点耐心与坚持，只要亲自实践，你我都能让平凡的生命绽放出美丽的花朵，领略到常人难以体会的人生妙处。

◎ 柴米油盐中的安详

电视剧上唯美纯情、缠绵悱恻的爱情故事，令人心生羡慕；古今中外独一无二、浪漫恒久的恩爱夫妻，更令人无比敬仰。但在凡俗里，更多的是平凡人的平常日子；爱情，也是凡俗里的平淡生活，是柴米油盐的琐碎。

恋爱的人骨子里都是追求浪漫的，但这种浪漫情怀却很容易在柴米油盐的婚姻生活中消磨殆尽，只剩下平淡如水的日子。就连三毛都说，"爱情看起来很浪漫，很纯情，可最终现实是残酷的，因为它经不起柴米油盐的烹制"。

的确，生活不是电视剧，婚姻更不是偶像剧，不会每天都有那么多的惊喜，不会每天都有那么多的浪漫。它很平凡也很平淡，但是婚姻生活的真谛就在琐碎的柴米油盐中，实实在在的生活才是最重要的，才是生活真实的滋味。

释怀：
如何获得内心的平静

她和他在电影院偶遇，一见钟情。新婚生活是美好的，两人各自忙着自己的事业，回到家就是柴米油盐，可是渐渐地，喜欢浪漫的她觉得日子太过平淡，对爱人没有了心跳的感觉，甚至觉得他不是真的爱自己，便提出了离婚。

男人深爱这个女子，他艰涩地问："为什么？难道你觉得我不够爱你吗？那你说，我哪里做得不好，我要怎么做，你才能改变主意？"

她说："我问你一个问题，如果你的答案我能接受，那我就选择留下。假如我非常喜欢一朵花，但是它长在悬崖上，如果你去摘，说不定会掉下去摔得粉身碎骨，你还会为了我去摘吗？"

他沉默了一会儿，然后说道："我想一下，明天早上给你答案。"

第二天早上，她醒来时他已经出去了，桌上依然像往常一样放着一碗她最爱的、热腾腾的米粥，下面压着一张他留下的纸条，上面写着满满的字。看了第一行后，她的心一下子沉了下去，但……

亲爱的：

我确定我不会去摘那朵花，理由是：

在这里住了这么久，你出去还是经常找不到方向，然后就开始哭，所以我要留着眼睛帮你看路。

别人惹你生气时，你总是不说话，喜欢一个人生闷气，而我怕你气坏了身子，所以我要留着嘴巴逗你开心。

你每月那几天都会疼痛难忍，而我要留着手给你暖肚子。

你出门总是忘记带钱包，买好了东西才发现没带钱，而我要留着脚跑去给你送钱，让你把喜欢的东西买回家。

因此，在确定你身边没有更爱你的人之前，我不想去摘那朵花……

亲爱的，如果你接受我的答案，就把房门打开吧！我正拿着你最

第一辑　做平和的人
——接受平凡与不完美，是内心平静的开始

喜欢吃的豆沙包在门外等着呢……

她打开了房门，扑在他怀里放声大哭，她不再需要那朵花了！

锅碗瓢盆所演绎的琐碎生活，总会将风花雪月尘封在时光的沙漏里。走在婚姻的路上，也许他没有天天对你说"我爱你"，但他为你打上一把遮风避雨的伞，为你沏上一杯飘着香气的茶，为你盖上早已暖热的被，给你一个宽大而坚强的肩膀，给你一个释放委屈的拥抱……谁能说这不是另一种意义上的浪漫呢？

关于爱情，它的表现方式有很多种。有一种爱情像燃烧的烈火，刹那间放射出的绚丽光芒，能将两颗心迅速融化；也有一种爱情像春天的小雨，悄无声息地滋润着对方的心灵。前者声势浩大却只能灿烂一时，后者平平淡淡却绵延不断。真爱不在于一瞬间的悸动，而在于两个人默默守候。

有这样一对中年夫妇，他们是朝九晚五的上班一族，而且工作地点离得很近。每天早上，先生都会骑着自行车送妻子上班。上车前，先生都会等妻子在车后座坐稳了才跨上车用力一蹬，而且不时地回头关照一下他的妻子，举手投足间透着对妻子的关爱。而妻子如公主一般幸福地坐在车后座上，双手轻轻搂着丈夫的腰，脸上也洋溢着满足。下班回到家，狭小的厨房里，妻子不停地忙碌着，饭锅里正冒着热气，厨房里弥漫着一层饭香的烟雾。而他也不闲着，浇花、收拾房间、扔垃圾等，两人有说有笑，消除了一天所有的疲劳，绵延出了无尽的满足与幸福。

妻子从小体弱多病，手脚到了冬天异常冰凉，先生就每天用自己的双手为妻子按摩搓脚，再用自己的体温为她保暖；当先生说出自己想吃的东西时，妻子一定会记得，并且在下班后买给他；看到妻子因

释怀：
如何获得内心的平静

为腰上长出了"游泳圈"而烦恼不已，他从来都没嫌弃过她的身材走了样，而是主动说陪她一起锻炼身体；先生在单位一遇到不顺心的事就心情不好，但妻子从未抱怨过，等先生的情绪稳定下来之后，再询问到底是怎么回事，帮他分析，一起想解决的办法……

几十年来，无数个朝朝暮暮，他们都是这么平静地生活着。岁月在他们脸上毫不留情地留下了皱纹，然而他们的心却依然年轻，仿佛还是热恋中的少男少女。虽然没有一束束的玫瑰花，虽然没有一起吃过烛光晚餐，虽然没有在朋友面前秀过恩爱……但他们的爱却是最朴实、最真切、最贴心的，有一种"执子之手，与子偕老"的安详。

其实，无论是怎样感人的爱情，激情过后终究要归于平淡。爱情终将以朴实却又温馨的生活作为延续，这是生活的常态。心无法总是在虚无的浪漫中飘荡，只有柴米油盐才能让心尘埃落定……只要用心体会，幸福其实时刻都围绕在我们身边。细水长流的爱情，像春风拂过，轻轻柔柔，一派和煦，让人沉醉入迷。

是的，我们不能拥有琼瑶小说里惊天动地的爱情，没有徐志摩和林徽因惊鸿一瞥的爱情，但我们可以有平凡的生活、凡俗的爱情。在柴米油盐中精心呵护爱情，弹奏一曲属于自己的幸福乐章，就如一首歌中所唱："柴米油盐酱醋茶，一点一滴都是幸福在发芽……"是的，幸福在发芽、成长，直至开花、结果。

◎ 棉花糖，慢慢品，甜到心里

人生说穿了只有几个字：生老病死是状态，喜怒哀乐是情绪，衣食住行是消费。人活着，体会的是一种感觉，品尝的是一种滋味。我

第一辑 做平和的人
——接受平凡与不完美，是内心平静的开始

们每个人都向往着快乐，那么，什么是快乐呢？快乐是个很大很远的名词吗？

不是的，快乐存在于小事当中。快乐不是长生不老，不是大鱼大肉，不是权倾朝野，而是小事的堆积。生活中的一句话、一件小事、一个眼神、一句鼓励、一句安慰都是一种快乐的暗示，不过只有善于发现和体味的人才能感觉得到。道理很简单，快乐不是拥有多少，而是一种感受、一种心境。

玛雅虽然相貌不出众、才能不拔尖，是一个各方面普普通通的女人，但她却是自己圈子里最有魅力的。不为别的，只因她在生活中总是微笑着，看起来活得很快乐，甚至经常在一个人做什么事的时候会忽然笑起来。

"玛雅，你笑什么呀？"同事问。

玛雅用手指向办公室的窗外，"你看那个树上挂着一个鸟窝，鸟窝上黏着几片叶子，还有那个树枝，哈哈"。

同事们瞧了瞧，不以为意。玛雅却用手机拍下来，给大家看。果然，照片上显示出一个笑脸"^_^"，那是由鸟窝、树叶和树枝组成的。这么别致的笑脸，每天挂在办公室窗外的树上，发现它的却只有玛雅一个人，她就比其他人快乐得多。

有人会羡慕地说，你看某某多快乐，真让人羡慕。是他们真的幸运吗？事实上，他们或许有着更多的烦恼，只是他们善于从生活中一件微不足道的小事中发现快乐、咀嚼快乐，并品尝这些小小的快乐带给自己的满足。这就像棉花糖，一絮絮、一丝丝，慢慢品尝，就会有甜味，甜到心里。

遗憾的是，平时有些人忙于工作、压力过大，缺少了发现的心情，

释怀：
如何获得内心的平静

致使生活失去了乐趣，平凡的生活变得平淡无味。正如澳大利亚作家安德鲁·马修斯所说："每个人都希望自己是快乐的。可我们都太忙了，都把快乐这件事给忘了。"

有一个小和尚过得很不快乐，于是向禅师请教快乐之道。

禅师讲了"庄周梦蝶"的故事："有一天黄昏，庄周一个人来到城外。他仰天躺在草地上，闻着青草和泥土的芳香，尽情地享受着，不知不觉睡着了。他做了一个梦，梦中的他变成了一只蝴蝶，在花丛中快乐地飞舞。上有蓝天白云，下有金色土地，还有和煦的春风吹拂着柳絮，花儿争奇斗艳——他沉浸在这美妙的梦境中，完全忘了自己。突然间，庄周醒了过来。虽然刚刚只是一个梦，但是庄周觉得快乐极了。"

故事讲完后，禅师对小和尚说："一只小小的蝴蝶在梦里飞入了庄周的心，也能让他变得快乐起来。那么，生活中还有什么事能让他担忧呢？快乐无处不在，许多点滴都值得我们细细品味、咀嚼。"

小和尚听完禅师的话后，终于明白了快乐的道理。

我们常常被不快乐所迷惑，忽略也遗忘了快乐。庄周在梦中化为蝴蝶，从喧嚣的人生走向逍遥之境，看到自己"飞舞"的模样，惊觉自己的快乐，这是庄周的大幸。这正如禅师所说："快乐存在于平淡的生活之中，快乐无处不在，许多点点滴滴都值得我们细细品味、咀嚼。"

如果想做一个永远快乐的人，就要学着细心一点、用心一点，在平凡生活中寻找快乐，感受那些小小的快乐，为一个小小的祝福而心存感激；为一份小小的友情而真诚地感动；为一个小小的礼物而欢呼不已；为一个小小的关心而充满怀念……也就是这些小小的快乐，让我们的生活变得多彩，生命变得更可亲，更让人眷恋。

英国有一家名叫"三桶白兰地"的机构，发起了一项针对3000名英国人的小调查。调查中，研究人员列出了 50 个不同的选项，让这 3000 名受访者勾选。其中，"在旧牛仔裤的口袋里发现 10 英镑"成了让受访者感到最快乐的一件事。10 英镑就可以换来快乐，这样让人感到幸福的小事其实还有很多。

不管富贵或贫穷，我们都需要懂得寻找人生的快乐。如果一点点积攒身边每件小事带来的快乐感，你会发现，忧愁和压抑感会自然从内心深处消失，你已经体味到了快乐的滋味，你也可以主动去寻找这种快乐的感觉，让自己平凡的生活发生奇妙的变化，让平凡的日子处处飘满快乐的花香。

列出能让你切实感受到幸福的小事吧：

泡个热乎乎的热水澡；

大冬天在被窝里看电影；

烧拿手好菜给心爱的人吃；

父母脸上的笑容；

朋友们愉快地聚会；

一个人旅行时看到的美景；

收拾得干干净净的书桌；

享受清晨的微风；

看一本好书；

听一首小夜曲；

独酌一杯小酒；

……

释怀：
如何获得内心的平静

◎ 百合花开香心底

在遥远偏僻的小山谷里百花烂漫，有牡丹、玫瑰，还有丁香等。人们从来不知道，这里还有一株小小的百合，没有人走近它、欣赏它。百合花暗暗鼓励自己，"我要开花，是为了完成一株花的庄严使命；我要开花，是喜欢用花来证明自己的存在"。就这样，百合花绽放出了洁白无瑕的花朵，一朵又一朵……

在荒凉的山谷里，百合花没有骄傲的姿态，却总是默默地给群山穿上春天的花衣；她没有美艳的身姿，却深情地热爱着她生长的大地；她没有顽强的生命力，但懂得在有限的生命里展现自己无限的美。为了使大山变得美丽，为了使世人闻到花香，为了使山河更加壮丽，她辛勤、努力地开放着，成了一道亮丽的风景线。

身在繁华都市，谁不想飙发凌厉、叱咤风云？谁不想挥洒自如、轰轰烈烈？然名垂青史者有几？辉煌的成功只属于少数幸运儿，绝大多数人只能默默无闻，过着平淡似水的生活。既然如此，何不像百合花一样安于平凡，享受悄然开放时的美丽？何不丢下那份功名心，淡泊地享受平凡，看花开花落云卷云舒？

辉煌者自有辉煌者的成就，平凡者自有平凡者的风韵。

因为平凡，你可以不计较世俗的名利和纷争，远离尘世的喧嚣和是非；因为平凡，你可以在春日的暖阳中睡得天昏地暗，可以在冬日的余晖里抱一本好书，读得如醉如痴；因为平凡，你可以细品人生的酸甜苦辣，可以慢吞人生的悲欢离合。如果说超越平凡是人生的一种极致，那么享受平凡无疑是人生的一种境界。

的确，生命是一个过程，而生活是一叶小舟。当我们驾着生活的

第一辑 做平和的人
——接受平凡与不完美，是内心平静的开始

小舟在生命这条河中款款漂流时，我们生命的乐趣，既来自对巍峨高山的敬畏，也来自对浅草低谷的爱怜；既来自对惊涛骇浪的奋勇搏击，也来自对微波细浪的默默深思。无论轰轰烈烈，还是平平凡凡，都一样能展现人生的价值和精彩。

有一位学富五车、饱经沧桑的哲学家这样说，"年少的时候，总觉得人生应该像大海一样波澜壮阔，才不枉走一生。但是经过几十年的风风雨雨之后，才恍然大悟：人生中精彩的事占5%，痛苦的事也占5%，剩余的90%则全部都是平凡。平凡是生活的本质，在淡淡中享受生命是最真实的姿态"。

平凡是生活的本质，是做人的常态，但是平凡绝不是平庸。平凡是一种真实和从容，更是一种雍容和品位。我们可以功不成、名不就，可以无过人之才，也可以无惊世之举，但我们可以在平凡中实现自己的价值，在平凡中扬起理想的风帆，在平凡中创造生命的辉煌，实实在在做人，脚踏实地做事……

有一位教授曾讲起他的经历，"通过多年的教学实践，我发觉一个奇怪的现象：有许多资质平平的学生，在校时的成绩大多在中等或中等偏下，但他们安分守己，不爱出风头，默默地奉献，毕业几年甚至十几年后，他们带着成功的喜悦来看望老师；而那些原先看来有美好前程的孩子，却一事无成。这是怎么回事？"

老教授很是纳闷，常常暗自思索，最后终于得出一个结论：成功与在校成绩并没有什么必然联系，而是和踏实的性格密切相关。平凡的人比较务实，比较能自律，比别人更努力，所以就有更多的机会落在他们身上。平凡的人如果加上勤能补拙的特质，成功之门必会向他们大方地敞开。

释怀：
如何获得内心的平静

由此，我们可以发现一个生活道理：平凡中能产生无数奇人奇事，平凡中可孕育无穷大德大能。如果你觉得自己没有特别杰出的才能，那就尽可能地试着做一个平凡的人，学会品味平凡，真诚地享受平凡，并做到持之以恒，这样的生活再平凡也是真切而充实的，而你就是成功的、了不起的。

融入银河，就安谧地和明月为伴照亮长空；没入草莽，就微笑着同清风染绿大地。做平凡人，持平凡心，干平凡事，享受平凡生活，是人生的一种快乐，也是人生的一种境界。在平凡中用心品味，平凡中的一草一木，平凡中的一人一事，总能让我们震撼并感动着，平凡的生活本身就是一位"大师"。

徐先生是一名艺术工作者，集戏剧、音乐、绘画创作等才华于一身。很多人以为从事艺术工作的人通常都活得很绚烂，生活多姿多彩。然而十几年来，徐先生却偕同家人隐居山林，过着最简单、最朴素的生活。在他眼里，平常孕育着一切，包容着一切，一切都蕴含在平常之中，他创作的灵感都来源于平凡的生活。

譬如，他每天起床后的第一件事就是要查看水源。他沿着水流一路寻去，一直寻到尽头才发现，原来水源处只有一点点极其细微的水，完全不是人们想象的水流湍湍的景象。他反思："任何一条大江、大河，都是汇集四面八方而来的水流，一点一滴才形成的。创作不也是如此吗？"清晨，他与家人在林间闲庭信步，晚上他邀朋友听风赏月。此时，他的心是温润的，他的心情是愉悦的，灵感自然就来了。

平凡像山野之侧的一泓清泉，人来人往，无人在意，只有渴了、累了用它解渴和洗脸时，你才会发现它的清冽和甘甜；平凡的日子，就像把一小撮龙井投入一口煮满开水的大锅，虽然味道平淡，却使人

第一辑 做平和的人
——接受平凡与不完美，是内心平静的开始

心游万仞，心旷神怡……

走过了一座座山，蹚过了一条条河，在经历了人生旅途不停的跋涉之后，我们依旧平凡，平凡得如同野外不为人知的百合花，但我们也要在平凡中享受平凡，扎根于脚下的这片土壤，默默开出自己的美丽，寻找人生的另一种精彩。

◎ 瓦尔登湖，梭罗的湖

"人"字一撇一捺够简单的了，人却是最聪明又最复杂的动物，偏偏习惯把简单之事复杂化，把微小之事放大化，如此生活就会变得杂乱复杂、繁忙沉重。时下，不少都市人士常抱怨工作累、生活累、活得累。单纯的工作累或者生活累其实只不过是一个说辞，心累才是本质。

不知道从什么时候开始，我们的周围开始时时充斥着金钱、功名、利益的角逐，处处都充斥着许多新奇和时髦的事物……人人都在追求高品质的生活，人人都想得到自己想要的东西，追求的目标越来越多，奔跑的速度越来越快，整天忙碌着、奋斗着，"心"怎么会不累呢？"累"是一种必然结果。

一个年轻人觉得生活很沉重，便问智者："生活为何如此沉重？"智者听罢，随即给他一个篓子，让他背在肩上并指着前面一条沙砾路说："你每走一步就捡一块石头将其放进去，最后体会一下会有什么感觉。"

年轻人就背上篓子，一路不停地捡石头，走到尽头，他回过头来对智者说："越来越沉重了！"

智者说："这也就是你为什么感觉生活越来越沉重的原因。当每个

释怀：
如何获得内心的平静

人来到这个世界上时，都会背着一个空篓子。然而，我们每走一步都要从这世界上捡一件东西放进去，所以才有了越来越累的感觉。"

年轻人放下篓子，顿觉轻松愉悦。

与其抱怨世界复杂，不如心怀简单，把世界上一切复杂的纷扰都化"繁"为"简"，没有占有和控制人、物的负担，没有攫取金钱、财富、名利等的欲望，就像一个长途跋涉者，甩掉一个又一个沉重的包袱，你的心便会淡然豁达，生命的路途上是何等轻松快乐啊！沿途的大自然景色是何等的美丽啊！

由此可见，简单是一种境界，是人生心境上的一种豁达；简单是一种完美的生活态度，是经历人生冗杂后凝练的一份精髓。简单，是平息外部无休止的喧嚣，回归内在自我的唯一途径，更是一种至纯至美的人生境界。

年轻的时候，玛丽比较贪心，什么都追求最好的，拼命地想抓住每一个机会。有一段时间，她手上同时拥有十三个广播节目，每天忙得昏天暗地。事业越做越大，玛丽的压力也越来越大。到了后来，玛丽发觉拥有更多、更大的不是乐趣，反而是一种沉重的负担。她的内心始终被一种强烈的不安全感笼罩着。

一天，玛丽意识到自己再也忍受不了这种生活了，用这么多乱七八糟的事情来将自己清醒的每一分钟都塞得满满的，简直就是对自己的一种折磨。也就是在这个时候，她终于作出了一个决定：要开始摒弃那些无谓的忙碌，让生活变得简单一点，只有这样，才能活出自我。为此，她开始着手列出一个清单，把需要从工作中删除的事情都排列出来，然后采取了一系列"大胆"的行动。她取消了一大部分非必要的电话预约，还打电话给一些朋友取消了为拓展人际关系每周两次的聚会，等等。

就这样，通过改变自己的日常生活与工作习惯，通过去除烦躁与复杂，玛丽感觉到自己不再那么忙碌了，不仅有了更多陪家人的时间，还有了更多思考的时间。因为睡眠充足，心态变轻松了，她的工作效率得到了很大的提高，身心状况也改变了很多，而且她每天都有快乐和愉悦的心情，平淡生活得到了点缀。

确实，生活原本是简单的，当一个人在生活上的需要简化到最低限度时，就会少些患得患失，多些从容淡定，心神也会更加安宁。因此，也就能够全身心地投入生活，体验生命的激情和至高境界，获得极为丰富精彩的人生。正如一位哲人所言："生命如果以一种简单的方式来经历，连上帝都会嫉妒。"

清朝文人刘大櫆在《论文偶记》中写道："凡文，笔老则简，意真则简，辞切则简，理当则简，味淡则简，气蕴则简，品贵则简，神远而含藏不尽则简。故简为文章尽境。"做美文须如此，做人也一样。一份淡定、一份澄明、一份雅致，在简单中顺畅，在简单中成就，在简单中自得，这种简单很可敬，此种心境甚是可贵。

美国人亨利·戴维·梭罗是一名作家。他一个人在瓦尔登湖畔建造了一栋木屋，靠自己种植物为生，靠打工的钱添置生活必需品。他住的木屋并不大，穿着半新不旧的衣服，吃田间的马齿苋、玉米饼、面包之类能维持日常活动能量的食物。当然，这也并不是说他没有能力为自己买大房子和新衣服等，而这只是他选择的生活方式。

后来，梭罗由于在文学艺术上作出了巨大贡献，被免费赠予了一所住宅，并被聘用为文化部的干部，但是他拒绝了。他说："如果我接受那些外在的房子、物质等，不仅要为之耗费精力，还很有可能受到诱惑，杂念和烦恼自然也就会束缚我的内心，同时也束缚了我的生活。奢侈与舒适的生活，实际上妨碍了人类的进步。"

从 1845 年 7 月到 1847 年 9 月，梭罗独自生活在瓦尔登湖边，差不多正好两年零两个月。瓦尔登湖不仅为梭罗提供了一个栖身之所，也为他提供了一种独特的精神境界。之后，他推出了自己的作品《瓦尔登湖》，文学界评价它是一本超凡入圣的书。

"奢侈与舒适的生活，实际上妨碍了人类的进步。"梭罗的话道出了伟大的"秘诀"！阅读《瓦尔登湖》是一个让紧张得以释放、心灵趋于宁静的过程。瓦尔登湖——梭罗的湖，澄澈见底，不染纤尘，是心灵的湖泊。我们应该像梭罗那样化"繁"为"简"，去寻找一个能让自己获得平静、自在、坦然、简单的湖泊。

"菩提本无树，明镜亦非台。本来无一物，何处惹尘埃。"将生活化"繁"为"简"，用纯粹的心体味生活，不必挖空心思依附权势，不必贪图名利富贵，更无须去计较那些不必要的复杂，简简单单地存在，势必能够在繁乱的都市中收获一颗若莲素心，终究体会到自身生命的精彩，感受到生活的意义。

◎ 诗意栖居：在精致中得道

如果用一个词语来形容一下目前的生活状态，你会想到什么词语呢？忙碌、悠闲？充实、无聊？紧张、平淡……相信很多人不会用到"精致"这个词语。什么是精致？精致是情致、情趣、美好、优雅的意思，强调的是一种生活质量。

每个人的生活都不一样，犹如瓷器，有的裹着华丽的外衣，有的素雅而毫不起眼。选瓷器就如同过日子，挑挑拣拣的，把最喜欢的带回了家，可还得小心翼翼地呵护着。瓷器很精致，我们的生活也要像呵护瓷器般精致。

生活可以简陋，但不可以粗糙。

甲来自黄土高原的一个小乡村。他的家是难以想象的困窘，但他瘦削而美丽的母亲却经常说这样一句话："生活可以简陋，但不可以粗糙。"她给儿子做白衬衫、白边儿鞋，让甲穿着粗布衣服在艰苦中明白了什么是整洁有序。因此，他相貌干净，衣服整洁，洗得发白的床单总是铺得整整齐齐。

乙是甲的一位朋友，是富裕家庭里的"宝贝"。他的衣服塞满了衣柜，可是没有一件平整干净的。他总是把衣服随随便便地一扔，想穿了就皱皱巴巴地套上；他的床上，横看竖看都是乱。他的头发总是在早晨起来变得"张牙舞爪"，怎么都梳不顺。他最常说的一句话是："一切都乱了套，这日子没法过了。"

乙总也弄不明白，为什么甲每天的日子都过得有滋有味。

甲虽然家境困窘，生活平凡，但他的整洁有序使他的生活变得有滋有味。看到了吧，生活虽然有时很简陋，我们也只是平凡的人，但是只要有心，就一定可以寻找到安抚自己的精致，让平常的生活开出精致之花。

精致，是对美最好的注解，能使平凡生活不再平凡。精致，是一种博雅的情怀和品位，是靠环境的熏陶、严格的家教、学问的积淀等养成的，是无形的、内在的、自然的，很难用语言描绘和界定，不过却可以孕育于内而行于外。

精致，首先是一种自爱。无论在何种场合，你的着装、打扮都必须讲究整洁，给他人以美的享受。法国巴黎著名的形象设计师萨克拉斯说："我们看到一个人，最初的印象从他的体貌服饰上获得，而对人物内在的素质美，要用时间来检验。"由此可见，形象是每个人向世界展示自我的窗口，精心打扮自己，每天以美好的形象出现吧。

精致，也更多体现在细节方面。试想，你走进一间房屋，看到地板被擦拭得一尘不染，明镜的玻璃从床边一直延伸到了门口，墙壁上挂着一串淡紫色的鲜花，桌上还有序地摆放着各种精美的小饰品……这一切景象是不是会流露出一种恰到好处的美丽，令人心旷神怡？这正是精致的魅力所在。

日本人认为生活是不能粗糙的，他们随时随处对细节高度重视。一块纸尿布，未用时平常无奇，一旦尿湿，彩虹图案立即出现，提示父母该替宝宝换纸尿裤了；一只杯子，握在手掌里，手弯曲成什么样的弧度才最舒适；一双筷子，包装纸上印什么字、用什么字体方能凸显食物的特质；一处房子用多少盏灯、挂在哪里是最恰当的……这种平实外表下精致的细节理念，打造出了相对高质量的生活，值得我们思考。

精致，还是一种慢节奏的慵懒。匆忙之人享受不了精致。这里的"慵懒"一词并不表示自由散漫，而是不被逼迫去过快节奏的生活，是一种闲适无忧的生活状态。用很长的时间化一个完美的妆；给自己或爱人慢慢熬制一份汤；在阳光下细品着下午茶，说着无关紧要的闲话；偶尔的空闲，窝成猫儿的形状，躺在沙发或者床上偷得浮生半日闲……极致的慵懒，就是一种惬意，一种精致。

打造精致生活，从点滴做起。就是这么一点改变，你的生活就会不同。但建立和保持一种精致的生活却是不易的，需要不断改进自己

第一辑　做平和的人
——接受平凡与不完美，是内心平静的开始

的生活习惯，提高自己的觉悟和鉴赏能力，同时不断丰富内心生活，提升自己对生活的理解和品味。

也许，有时候你的生活已经不能精致，但是只要你保持一颗精致的心，拥有爱生活的心情，创造美好、拥有美好、维护美好，那么即便是再荒凉的生活，仍然能留存许多暖意，温暖自己，也温暖他人。

小镇上有一个摆地摊的女人，她的丈夫在工地上做杂工，一喝酒就虐待她，她还有一个瘫痪在床的婆婆。照理说，这样的女人应该是很落魄的，可她活得从容而优雅。女人头发很长却总是梳理得纹丝不乱，一袭紫色长裙虽然只是廉价的衣料，却显得款款有致。她优雅地守着地摊，温文婉约，笑意姗姗。这样的明亮让人没有办法拒绝，人们总喜欢到她的摊子前去转转，临了买一两件小商品带走。

几年后，女人用积蓄居然买下了一辆汽车，并让男人学了驾照，做了出租车司机。她也跟随车子热情地招徕顾客。湖蓝色的坐垫，淡紫色的窗帘，车和她的人一样优雅，自然吸引了不少乘客。日子渐渐红火起来时，不料丈夫意外出了车祸，不仅搭上一辆车，还欠了几十万的债务。她的腿也受了重伤，住了院。

人们都以为，她这回恐怕要一蹶不振了。可是半年后，她又在街头摆上了地摊儿，照例盘发，穿旗袍，腿部虽落下小残疾但也不妨碍脸上的笑容。她的丈夫此时对她好了许多，经常过来帮她打点生意。过了两年，女人又攒够了一笔钱买了两辆车，一辆自己跑出租，一辆让丈夫跑长途，小日子过得红红火火。

这个穿旗袍的女人可以说生活在社会下层，每日为了生计而奔波劳累，但是她不抱怨、不指责，也没有磨灭内心对美的渴望，好像自己是最优雅的女子一般。她的生活快乐而平和，这正是一种精致的

存在。

原来，生活每天都可以精致，再平凡的生活也能精致。

◎ 一箪食，一瓢饮，足矣

等将来有钱了，一切就好了。有了钱能买到好吃的、好穿的、住好的，就能提高生活质量，到时候就幸福无忧了。你是不是也经常一边忙着奋斗，一边这样安慰自己？但拥有了金钱真的会拥有幸福吗？未必！

有这么一个故事。

一个富翁坐拥百万资产，并拥有一栋豪华住宅，但是他时常觉得不幸福，因而寝食不安、闷闷不乐。他觉得等将来更有钱了，一切就好了。

一天，富翁去乡下旅游，看到一家做豆腐的穷夫妇，他们穷得只剩下光秃秃的四面墙了，每天需要从早忙到晚，不停地做豆腐、卖豆腐，但是他们脸上常常挂着笑容，孩子们也在笑声中玩耍，皆没有因为家境贫寒而闷闷不乐。

富翁很奇怪，不解地问："你们这么贫困，为何看起来这么幸福？"妇人放下手中的活，回答道："我们是没钱，但我们一家人可以整天在一起劳动，父老乡亲可以享受我们的美味食品，我们又可以交到很多的朋友，为什么不幸福呢？"

富翁怔住了，惊诧不已，思索良久……

在这个事例中，百万富翁和乡下仅能温饱的夫妇，物质上显然不成比例，但在精神的愉悦上，前者并没有后者开心。由此可见，幸福

第一辑　做平和的人
——接受平凡与不完美，是内心平静的开始

与一个人所拥有的物质财富的数量不能画等号，因为幸福和心态有关，幸福的成本很低！其实说白了，幸福完全是一种对生活的认同和心灵的感受。

一个人只要内心觉得幸福，清贫而听着风声也是一种幸福。孔子曾经夸赞他最疼爱的弟子颜回："贤者回也，一箪食，一瓢饮，在陋巷，人不堪其忧，回也不改其乐。贤哉回也。"住在一个破烂的小地方，厨房里只剩下一小筐粮食，一小勺水，别人都忧虑得焦头烂额了，颜回仍然不改其乐，他无疑是幸福的。

没有钱不一定不幸福，如果一定要给幸福加上成本，那么低成本的幸福往往更让人快乐。低成本的幸福生活，未必不是没有质量的。所谓低成本幸福，就是知足常乐、笑逐颜开，用平常心观平常事，在不起眼的生活中寻找幸福。生活中，大凡追求低成本幸福的人，都在不起眼的地方常怀有幸福感。

亚马孙河流域的热带雨林里，有一种藤本植物生长在被高大茂密的树木遮蔽得严严实实的林子里，终生难以见到阳光。但就是这种植物练就了一种特殊本领：它们能抓住从树缝里透射进来的一点点阳光，瞬间开出绚丽的花朵！人生其实也需要拥有抓住幸福的本领，哪怕是缝隙里透过来的一点点"阳光"，也要将自己的幸福彻底绽放。

眼前的一山一水、一草一木、鸟语花香，生活中的人情世故、家庭的天伦之乐都是感受幸福的平台。清代学者石成金的《莫恼歌》说出了低成本幸福的本意："莫要恼，莫要恼，明日阴晴尚难保。双亲膝下俱承欢，一家大小都和好。粗布衣，菜饭饱，这个快活哪里讨？富贵荣华眼前花，何苦自己讨烦恼。"

下面，让我们来看看日本喜剧泰斗、著名作家昭广的成长故事。

释怀：
如何获得内心的平静

在日本战后那段物资极度匮乏的日子里，昭广的外婆用信念和智慧将生活打理得温暖而光亮，教会了昭广如何在平凡中发现幸福和快乐，用真心去展露笑容。

二战结束以后，因为生活的变故，年仅8岁的昭广被寄养在乡下的外婆家里。外婆家十分贫穷，昭广喜欢运动，外婆没有能力购买体育用品，就建议昭广练习跑步，因为跑步是不用花钱的。昭广后来竟然成了运动会的赛跑明星。

为了维持生活，外婆在家门外的小河里横着放了一根木头，用以拦截上游漂浮过来的各种物品，比如，穿破的衣物，不够规格的蔬菜，畸形的水果等，外婆说这是她家的超市。每当上游漂下来很多东西的时候，看着这些战利品，昭广和外婆都会为这意外的收获而欢呼雀跃。即使有时候木头什么都没有拦到，外婆也会说："今天超市休息吗？"

昭广与外婆一起生活了8年，昭广在开朗乐观的外婆那里学会了许多，所以之后无论遭遇怎样的困境，他都能够微笑面对。他将生活的真实情感融入喜剧表演中，以精湛的表演将快乐传递给了众人，后来成了闻名世界的喜剧演员。

昭广的故事在日本家喻户晓，相信每一个中国人也会从中得到启示。是的，快乐和物质没有多大的关系，贫穷的生活也可以是幸福快乐的。而且，低成本的幸福是一种没有风险的幸福，是一种实实在在触手可及的幸福，也是一种精神的修炼和优良品性，还是一个人难得的精神财富。

幸福是每个人都需要的，要想将平凡的生活过出一些味道来，我们必须得学学亚马孙河流域热带雨林里的藤本植物，有一点点阳光就尽情地绽放。不要等到拥有了公司、拥有了亿万身家、拥有了私人豪宅，你才觉得是幸福的。怀有一颗幸福的心，学会降低幸福的成本，幸福就是无处不在的。

幸福，是一碗炸酱面就能饱腹的惬意；是拉着爱人的手一同观赏一场仅需20元门票的电影带来的享受。假如你认为旅游是一种幸福，那么在没有足够的经济支持或囊中羞涩的时候，上网看世界风光的图片也是可以一饱眼福的。多么低的幸福成本啊！幸福其实没有那么贵，何不抓住每一刻好好享受呢？

◎ 愿以一切所有，换取一刻时间

什么样的生活才是幸福的？相信很多人都有这样的疑问，也一直在寻求答案。然而，这个问题是没有标准答案的，因为幸福是一种心理感受，而每个人的感受又是不一样的：有的人认为高官厚禄是幸福，有的人认为功成名就是幸福，有的人则认为家庭和睦是幸福……

不过，下面这个故事所给出的幸福含义值得我们所有人思考。

依萨出生于纽约贫民窟的一个黑人贫穷家庭，他从小便感受到了生活的艰难。缺衣少食的生活，种族的歧视，同学们的取笑，常常让他伤心不已。他觉得自己是世界上最不幸的人，也几乎痛恨周围所有的人。他决心要出人头地，过上幸福的生活。

通过勤奋刻苦地学习，依萨如愿考上了一所著名大学，但幸福的感觉很快离他而去，因为他必须负担昂贵的大学学费。大学时期，依萨一边学习，一边打工，终于熬到了毕业，并在一家大公司找了一份不错的工作，但他还是不幸福，因为他不但要受上司的气，还要受同事的排挤，他觉得只有拥有自己的公司才能过上幸福生活。依萨拿出

释怀：
如何获得内心的平静

自己的积蓄注册了一家销售公司，经过几年的努力，他的小公司变成了大公司，他拥有了曾经梦寐以求的豪华别墅、高档轿车、巨额存款和美丽贤惠的妻子。但是幸福却没有随之降临，因为他的下属不仅偷懒、工作效率低，还总要求加工资；他的竞争对手心狠手辣，整天想着要挤垮他的公司。

由于心情不好，依萨开车时老走神，最终导致了车祸——他的高级轿车钻进了大货车底下。轿车报废了，所幸依萨只是受了点皮肉伤，没有生命危险。事后，一想到那惊心动魄的一幕，依萨就吓得浑身发抖。他突然明白，活着是多么美好啊！一个人只要拥有了生命，就是最大的幸福，没必要再奢求任何东西。

人的一生总会经历很多事情。也许我们生活并不富裕，也许我们没有成功的事业，也许很多不幸的事情发生在我们身上，于是很多人抱怨自己不幸福。但细想一下，那些跟生死比起来根本不算什么，还有什么能比活着更幸福呢？

在这生与死并存的世间，生命对于每个人来说只有一次，而且时间很短暂。人最大的财富和最珍贵的应该是"生命"，就像电影《怪物史莱克》中演的那样，如果把一个人出生的那天抹去，恐怕就不会存在"金钱""权利""感情"这样或那样的种种纠结，没有存在过，也就谈不上发生过，又何来幸福？

曾看过这样一个故事。

有一位年轻人老是埋怨自己贫穷，不够幸福，终日愁眉不展。

"穷？你很富有嘛！"一位智者由衷地说。

"这从何说起？"年轻人问。

智者反问道："假如现在斩掉你一个手指头，给你1000元，你干

第一辑 做平和的人
——接受平凡与不完美，是内心平静的开始

不干？"

"不干。"年轻人回答。

"假如斩掉你一只手，给你 1 万元，你干不干？"

"不干。"

"假如让你双眼都瞎掉，给你 10 万元，你干不干？"

"不干。"

"假如让你马上死掉，给你 1000 万元，你干不干？"

"肯定不干。"

智者笑笑说："小伙子，你已经拥有这么多财富，为什么还哀叹自己贫穷呢？"

年轻人愕然无语，突然什么都明白了。

看到这里，你是不是也会恍然大悟，感慨一句："哇，原来我是这么富有！"

"愿以我一切所有，换取一刻时间。"伊丽莎白女王临终前的遗言，仿佛是一句警告。生命是最宝贵的拥有，活着是对生命价值与意义的最好诠释！只要生命还在，就有希望和梦想；只要生命还在，就有幸福和快乐。活着，我们可以看花开花落云卷云舒，可以听潮起潮落甜言蜜语；活着，我们可以感受阳光的温暖，可以体会秋风的萧瑟……

既然如此，能够完好无损地活着就已经是极大的恩宠，又何必不断埋怨、纠结于生活中的种种不如意呢？这一切的一切都仅仅是生活中小小的插曲而已。抓住生活中的每一瞬间，揽尽人生百态，品尝五味杂陈，痛苦的滋味便淡了，幸福便在生命中得以显现。

二战时，有一名士兵在一次战役中被炮弹击中，腿部流了很多血，他和同样在战场上受伤的士兵一起被送到了医院。在医院里，伤员们的脸上写满了颓废和恐惧,他们每天都处在忧虑和痛苦中。

经过医院的紧急抢救,这名士兵脱离了危险,并最终苏醒了过来。只不过他的左腿被截肢了,而且永远也不会再长出一条左腿了。截肢的疼痛时常折磨着他,而且他还要承受自己已经是残疾人的精神压力,但他看起来一点也不悲伤,脸上反而洋溢着幸福的笑容。

对此,其他士兵很不解。

这名士兵解释道:"我失去了一条腿,不能再在战场上奋勇杀敌,而且下半辈子要拄着拐杖或者坐着轮椅生活,这确实是令人痛苦的事情。不过,我还活着啊,这对我来说就是最大的幸福!我还可以吃饭,还可以喝水,还可以看到高远的天空和人间景象,还可以和别人握手,感觉到人体的温暖和无声的爱……"

"活着"原本是一件非常简单而又顺其自然的事情,但当灾难来临的那一刻,"活着"就变得非常困难甚至是一种奢望,人们才真切地感受到"活着"有多好!

当面临生活中繁杂的纠葛、苦痛、伤害、低迷等问题时,如果我们能够多和自己说"幸好我活着",相信就会对生命有一个全新的认识,发现那些事情其实微不足道,不值得操心,进而满怀对生命的感激之情,将生活过得安然、幸福而有意义。

◎ 种下一颗梦想的种子

天地之大,你是不是深感无一处是安心之所;时常感到没有精神,身心疲惫不堪;感觉生活就像一潭死水,无聊枯燥,看不到希望!为什么?因为没有梦想!没有梦想的人就犹如在迷雾中失去了方向,无法了解自己身处何方、该往何处，所能感受到的是无边的恐惧和迷茫。

这绝对不是危言耸听！梦想是什么？梦想是一个人内心里对人生、对自己的一种希望，因为梦想的存在，人会奋发向上，积极追求。任何东西也取代不了梦想在一个人精神世界中所占据的分量，取代不了它带来的精神愉悦。没有梦想，或者说失去了追求梦想的心，生活是枯燥的、空虚的。

对此，哲学家周国平曾这样说过："一个有梦想的人和一个没有梦想的人生活在完全不同的世界里。"如果你与那种没有梦想的人一起旅行，一定会觉得枯燥乏味。一轮明月当空，他们只会说月亮像一个烧饼，绝不会有"明月几时有，把酒问青天"的豪情；面对苍茫大海，他们只看到一大摊水，绝不会像安徒生那样想到美丽的海的女儿……

怀揣梦想，是严肃而认真地去面对它、实践它，让生活富有情调和意义，还是忽略或丢弃梦想，追求每天的安稳，甘于现状，无动于衷，让生活没了色彩？每个人都有自己的想法，有自己的追求。当我们作出决定的那一刻，命运也就注定了！功成名就者与碌碌无为者的主要区别正在于此。

一个真正善待自己的人，无论生活多么烦琐，处境多么艰辛，永远都会为自己编织华美而绮丽的梦想，并善待自己的梦想，追求自己的梦想，用梦想陶冶自己的情操，润色自己的生活，将灰色的现实加上粉色的底片。无疑，这种人是懂得生活乐趣的，他们的生活也会是光彩熠熠、多姿多彩的。

下面，我们来分享一个故事。

特莱艾·特伦恩特 1965 年出生于津巴布韦，她只上了一年小学便

释怀：
如何获得内心的平静

被父亲打发回家，帮助家里做家务，并供哥哥上学。特莱艾有一个梦想，就是渴望得到一个受教育的机会。于是，每天哥哥放学，她总是迫不及待地翻看哥哥的课本，帮助哥哥做功课。小学老师得知后，恳求特莱艾的父亲让她重回学校，但父亲不为所动，并在特莱艾11岁时将她嫁了出去。

一晃十几年，特莱艾已经是5个孩子的母亲，年过30依然贫困，更糟糕的是她的丈夫是一位艾滋病患者，常常虐待特莱艾。但是，特莱艾并没有放弃再受教育的梦想。正在此时，一个国际援助组织的志愿者团队路过她居住的村庄，特莱艾向带队的一位志愿者乔·拉克道出了自己的梦想。幸运的是，乔·拉克女士并没有笑看特莱艾这"荒谬透顶"的梦想，而是说了一句鼓舞她的话：只要你有梦想，你就能实现。

"千里之行，始于足下。"特莱艾从为国际援助组织工作开始，攒下工资攻读函授课程，从小学课程一直补到高中，并被美国俄克拉荷马州立大学录取进本科学习。她在持续的贫穷和劳累中完成学业，直到2009年获得哲学博士学位，现在在国际援助组织担任项目评估专家。

自幼辍学，操劳家务；年幼嫁人，生活贫困；忍受着身患艾滋病丈夫的家庭暴力，特莱艾还能有多少人生追求、人生梦想和学业成就？可在这种种打击下，特莱艾始终铭记自己的梦想，没有放弃再受教育的机会，并且为之奋斗。最终，她的命运得到了转机，生活掀开了新篇章。

梦想是一种挥之不去的感觉、挥之不去的潜意识，是深藏在人们心灵深处最强烈的渴望。它像一粒种子，种在"心"的土壤里，尽管它很小，但可以生根开花。平凡简单的生活，并不意味着失去精彩。

坚持自己的梦想，人生的精华就在此刻浮现。

梦想，给人们带来希望、光明和心灵的洗涤。每一次扬起风帆去远航，难免都会有阻挡，但只要有梦想在鼓掌，未来就充满着希望；每一次张开翅膀去飞翔，难免都会受伤，但只要有梦想在激励，未来就承载着希望。

还记得《牧羊少年奇幻之旅》中所说的一段话吗？"当我真心在追寻着我的梦想时，每一天都是缤纷的。因为我知道，每一个小时都是实现梦想的一部分。一路上我都会发现从未想象过的东西。如果当初我没有勇气去尝试看来几乎不可能的事，如今我就还只是个牧羊人而已。"

你有多久没有梦想了？你的梦想是什么？还记得吗？让我们种下一颗梦想的种子并细心呵护，无论多么残酷的现实想要把它连根拔起，我们都不能屈服、不能放弃。终究，它会成长为参天大树，挺拔又安详。

第二辑 / 做觉悟的人

「 当心柔软了，
你就能包容下世界 」

第二辑　做觉悟的人
——当心柔软了，你就能包容下世界

「第1章」
善于倾听是一种修养

我们每个人都需要呼吸，无论身体还是心灵。当你倾听一个人心声的时候，分享他内心情感的时候，你就给彼此的心灵都注入了新鲜的氧气。口吐莲花，不如细细聆听。在倾听过程中报以同情和关心，你就是一个慈悲的付出者，你也将因此而感受到生活的美好。

◎ 给爱人耳朵：Say you, say me

妻子忙碌了一天，拖着疲惫的身躯，一脸疲倦地回到家里。她看起来有些心烦意乱，渴望同丈夫交流："亲爱的，这份工作真是累人，眼下我要做的事情太多太多了，我的私人时间少得可怜！"

丈夫一边看电视，一边心不在焉地答应着："嗯！"

妻子还在不停地和丈夫说话："不过，我很喜欢这份工作。问题在于，老板对我的期望值很高，希望我在短时间内改变一切！我相信只要我好好努力一段时间，熟悉了这份工作之后，到时候就不会这么累了。"

丈夫还在看电视，默不作声。

妻子看着丈夫，微微地皱了一下眉头，说："对了，我今天太忙了，居然忘记给母亲打电话了！她前段时间身体有点不舒服，我想给她打电话，问问她好些没有。但是现在这么晚了，估计她已经睡下了吧？"

释怀：
如何获得内心的平静

丈夫似乎有些不耐烦，说道："真是的，你也太操心了！"

妻子有些火了："你是块'木头'呀，你能不能关心一下我呀，你是不是烦我了？"

丈夫一听，也不相让，说："我工作很累，回到家还听你这么唠叨，一点都不知道体谅我。"

妻子更生气了："连话都不说算什么夫妻，不想一起过就别过了。"

于是，两人开始争吵起来。

生活中，这样的情景经常可以见到：在办公室紧张地工作了一天，回家后还听到爱人滔滔不绝地在耳边讲述他（她）在工作中发生的各种事情。这时候，勉强听下去会让自己觉得很心烦，而失去耐心又会导致争吵，甚至影响夫妻感情。忽视了倾听也就阻碍了沟通，这在婚姻里是最要不得的。

每个人都渴望得到别人的关注。如果高兴，希望全世界的人都来分享；如果悲伤，希望有人来问候："你怎么啦？遇到什么不好的事了吗？"爱人之间最重要的责任并不是让对方吃饱、穿暖，不饿着、不冻着，而是让对方的心灵感觉安全和温暖。这并不需要我们做很多，倾听是最好的方式。

事实上，几乎每个人遇到任何高兴或烦恼的事后都有一份渴望，那就是希望能和爱人分享自己的情绪，渴望得到爱人给予的首肯和评价，理解和支持。不少人认为，和爱人倾诉，交流感情，谈论诸事，是一种彼此信任、亲密无间的表现。而倾听，就是分担彼此的脆弱和痛苦，就是彼此关爱，相濡以沫。

因此，我们要学会"借"给爱人一双耳朵，细细地倾听爱人一天的所听所见所思所想，不管是好的还是坏的，都是一件令对方感到舒服的事情，也会让对方产生一种被重视、被关爱的幸福感。爱人会为此心存感激，他（她）会感觉到两人的距离拉近了，有一种心贴心的温暖，一种手拉手的踏实，夫妻感情更深厚。

刘珊是一个非常幸福的女人，她和丈夫结婚6年了，居然还甜甜蜜蜜如同新婚夫妇一般，真是让人羡慕。于是，朋友们纷纷向刘珊询问婚姻保鲜的秘诀。刘珊说，"我哪里有什么秘诀呢？我们之间只是多了一个约定。"

朋友们好奇地问："约定？不会是财产划分吧。"

"不是，"刘珊笑着摇摇头说，"刚结婚时，我老是一个人喋喋不休地说，不想听他说什么。后来，等他真的不再说什么时，我一个人再说话也就没有意思了。下班回到家，他看他的杂志，我玩我的游戏，两人就像陌生人一样，各干各的，互不干扰，当时觉得婚姻生活太没有意思了。"

"后来，"刘珊顿了顿，继续说道，"我们觉得婚姻不应该是这样的，于是便有了一个约定，即无论工作多忙多累，都要留出半小时和对方说一下自己当天经历的一些事情，自己的想法。这些年里，我倾听他，他倾听我，我们对彼此更加了解，不仅很少出现矛盾，而且感情越来越深厚。"

诉说和倾听，是彼此的需要和被需要，是彼此在对方心里都不能或缺的。为此，我们不妨定一个"沟通日"，约定每周，或者每月有一两次固定的沟通时间。到时把所有的牵绊都斩断，把杂事都放下，给爱人耳朵，"Say you, say me"，心平气和地交流彼此的快乐、烦恼、工作、生活，等等。这样的交流至关重要。

事实上，倾听爱人不仅给爱人提供了倾诉机会，也是自己的一种

释怀：
如何获得内心的平静

宝贵资产。因为聆听才能了解，随着真心实意地倾听，爱人的世界就此朝你敞开，他（她）的生活经历、喜怒哀乐、心理活动、私人秘密等，你都了如指掌，这是一种"知己知彼，百战不殆"的境界。如此，婚姻中还有什么问题不能解决呢？

当然，倾听是倾"心"地听，而不是只用耳朵不用心。只有当你用心听的时候，对方才能敞开心扉，说出真正想说的话。"你怎么这么懒？""你这个酒鬼，离开了酒，你就活不了了？"说这些话的主人可能是不满意你的"一只耳朵进，一只耳朵出"的不屑态度；如果你用心听，他（她）要说的可能就是："我太累了，你能不能帮帮我？""你老这样喝酒，我担心你的身体。"

另外，爱人在倾诉时只是想表达一下一天的感受，体验舒适和亲密的感觉，不一定需要答案。这时候，千万不要直接打断对方，或者迫不及待地下判断或评价，也不要急着针对爱人的问题和困惑开始提供一系列的解决方案。这不仅不是在帮助对方解决问题，反而是在惹恼对方。最好的办法是，耐心地听完爱人的叙述，等对方情绪稳定后，再帮他（她）找出解决问题的办法。

当你遇到高兴的事情，或者当你在工作或是人际关系中受挫时，你在第一时间最想告诉谁？你回答完这个问题后，再去问你的爱人。如果你们的答案分别是对方，那么请好好珍惜这一份爱。如果你们的答案为曾经是对方，那么就要好好想想，你们为什么失去了彼此诉说和倾听的机会。

◎ 做孩子的听众

大多数年轻父母在生活上对孩子十分关爱，可是当孩子遇到什么问题，渴望诉说时，父母们却总是忙着做其他的事情，心不在焉，稍不如意就不让孩子把话说完，轻则斥责，重则打骂，而不去了解其中的缘由。

殊不知，父母这样的做法往往容易导致孩子出现性格孤僻、不擅长与人交流、没有主见等问题。一份调查显示：80%的儿童心理问题和家庭有关，特别是与父母对孩子的教养和交流沟通方式不当有关。这是为什么呢？

孩子是一个独立的个体，随着年龄的增长，他们的思维一直在向大人靠近，开始独立地思考遇到的每一件事，并逐渐对大人世界的事产生自己的想法和观点。孩子主动和父母谈到自己的事情，是对父母的信任和依赖，是想从父母那里得到解答和安慰，这是一种高层次的精神需要。

这时，父母如果拒绝倾听孩子，忽略或压制孩子的想法，无疑会挫伤孩子独立思考的积极性，孩子会有严重的失落感和缺乏交流的压抑感，以后有了自己的想法也不敢说出来，害怕被拒绝、被批判和嘲笑，久而久之，他们就会变得沉默寡言，身心变得不健康。而当孩子把自己的话埋藏在心里时，做父母的就很难知道孩子的所思所想，以致双方互不信任，产生对抗情绪，沟通困难。

要想避免上面提到的种种不良后果，身为父母就要留一些时间给孩子，做孩子的听众，倾听孩子的心声。这不会浪费你多少时间，但你却多了一个了解孩子、教育孩子的机会。孩子在成长过程中，既需

释怀：
如何获得内心的平静

要父母陪伴，也需要指导，你可以根据孩子说的话进行针对性的教育，孩子理解有偏差的地方，你可以纠正；孩子对事物的看法片面的时候，你予以补充。这样，孩子各方面能力都能得到提高，何乐而不为呢？

倾听，是父母与孩子心灵沟通的一座桥梁。它不仅是一种对孩子的尊重、同情和爱护，也是一种与人为善、慈悲为怀的做人态度。当父母愿意做孩子的听众，耐心倾听孩子的心声，了解他们的意见或问题时，父母在通往孩子的心灵之路上就架起了一座爱的桥梁。

德国教育学家卡尔·威特就曾这样说："我认为倾听是一种非常好的教育方式，因为倾听对孩子来说是在表示尊重，表达关心，也促使孩子去认识自己的能力。如果孩子感到他能自由地对任何事情提出自己的意见，而他的认识又没有受到轻视和奚落，他就会毫不迟疑、无所顾忌地发表自己的意见，先是在家里，后是在学校，将来就可以在工作上，自信勇敢地正视和处理问题。"

那么，父母如何做好孩子的听众呢？

给予孩子足够的时间

我们忙于奔波劳碌，每天有做不完的工作，或者应付不完的事情。但是，当孩子主动和你表达自己对某个人或某件事的想法和观点时，无论你在忙什么，最好停下来，给予孩子足够的时间，告诉孩子："我很想了解你的想法，我们一起聊聊。"然后耐心地倾听孩子吧。

当然，如果你当时确实没有时间，你可以说："我必须把手头上的工作做完，但是我们可以聊上 15 分钟。"你也可以和孩子约一个时间，下次再谈，比如这样说："我现在很忙，但是我们可以在你睡觉前好好谈谈。"最重要的是，你要做出某种暗示，你对孩子很关心，认可孩子的感情。

不要打断孩子的话

一名记者有一天访问一个 5 岁小男孩，问他："你长大后的理想是什么呀？"小男孩天真地回答："我要当飞机的驾驶员！"记者接着问："如果有一天，你的飞机飞到高空，可是所有的引擎都熄火了，你会怎么办？"小男孩想了说："我会先告诉坐在飞机上的乘客绑好安全带，然后我带上降落伞跳出去。"

听到这里，周围的大人们纷纷指责小男孩真自私，只顾自己不顾大家。男孩听了似乎很委屈，两行热泪夺眶而出。记者继续注视着这个孩子，问他："为什么你要这么做？"男孩说："我穿上降落伞不是去逃命，而是去找一架油多的飞机，让它把多余的油给我们的飞机加上。这样，大家就得救了。我还要回来！"

这位记者鼓励小男孩把话说完，了解到了小男孩内心真挚的想法，这就是听的艺术。听孩子的话不能只听一半，而要耐心地等他把话说完，千万不要没等孩子把话说完，就"以大人之心度孩子之腹"，主观地作出判断，以免误解孩子，错怪孩子。父母应常常扪心自问："今天，我听完孩子的话了吗？"

听懂孩子的"潜台词"

也许是语言能力有限，也许是出于自卑或是别的一些原因，有些孩子在与父母沟通时并不总是把他们的想法或需求表述得清清楚楚、直截了当，他们也许会采用一种委婉含蓄的表达方式向父母暗示。因此，父母在倾听时一定要细心，要注意孩子没有明说出来的事情，学会听懂孩子的"潜台词"，这样你才能更好地了解孩子的内心想法，才能促使你和孩子的沟通更加顺畅。

比如，如果孩子回家后对你说："妈妈，今天老师表扬王欢了。"家长的反应可能是：老师为什么表扬王欢没有表扬你，你要向王欢学习啊……这就是没有理解孩子的真正意思，还容易引起孩子的不快。孩子讲这件事的目的只是想表达一下他的情绪，希望得到一些安慰和鼓励，为此你不妨这样回应："哦，是吗？王欢是你的好朋友，她受到老师的表扬，你替她高兴？你表现得也很好，老师没有察觉到，是吗？"

总之，孩子虽然小，但他们也有独立的人格尊严，有表达内心感受、阐述自己看法的自由，而且孩子向父母敞开心扉的程度完全取决于父母倾听他们谈话的态度。做好孩子的听众，倾听他们的心声，理解其心情和感受，也就踏出了引导孩子走向自立的第一步，你的子女教育将更高效、更成功。

◎ 倾听——给父母的礼物

父母常在儿女的面前唠叨个不停："天气凉了，当心身体""难得找到一份合意的工作，你要好好干啊""听说你找了个对象，带来让家人看看""不可以抽烟、喝酒"……年轻人呢，大多数对于父母的唠叨感到厌烦，总在三心二意地听着，且为此心烦意乱。

曾经看到一个关于一对父子的故事。

年迈的父亲和儿子一同在花园里乘凉，树枝上的一只小鸟叽叽喳喳叫个不停。父亲问儿子："儿子，那是什么？"儿子说："一只麻雀。"过了一会儿，父亲又问："儿子，那是什么？""一只乌鸦。"儿子放大了音量。然而，过了一会儿，父亲又问出了同样的问题。"那是乌鸦，听到没有，乌——鸦！"有些不耐烦的儿子大声喊道。

父亲没有再说话，掏出一本发黄的日记，轻声念道："今天我陪儿

第二辑 做觉悟的人
——当心柔软了，你就能包容下世界

子在树下做游戏，一只小鸟在树上叽叽喳喳。儿子兴奋地问我：'爸爸，那是什么？'我说那是一只麻雀。过了一会儿，儿子又问：'爸爸，那是什么？'我又告诉他，那是一只麻雀。也许那只麻雀太可爱了，儿子一直看个不停，于是也就一直问个不停，一共问了25遍。每次我都耐心地告诉他，我希望他能记住。"

听了父亲的描述，儿子泪流满面："爸爸，原谅我！"

面对生活和工作上的压力，我们背负了太多的沉重和无奈。有时候父母的唠叨确实让我们觉得心烦，但是小时候我们也曾这样烦扰过父母，而父母却不厌其烦地一遍一遍满足着我们。那么，我们是否应该如当年的他们，那么在意地、用心地倾听重复的话，倾听他们心中的声音呢？

唠叨，或许是他们的一种生活习惯，或许是他们对儿女的一种惦念，或许是他们与我们交流的一种方法，或许是他们认为能为我们做的最直接的事。不管他们有多唠叨，每一句唠叨都是为了我们好，是亲情的流露，是情感的释放，是爱的一种表达。所以，我们不应嫌弃和疏远，而应抱着感恩包容之心，理智谦和之态，善待父母的唠叨。

更何况，父母的话语都是经验之谈，是数十年人生积攒下来的人生道理。每个父母都是抱着望子成龙、望女成凤的心态，希望我们少走不必要的弯路。而我们作为子女，不是应该努力去实现他们的期望吗？古语说得好，"有则改之，无则加勉"，只要我们能够努力做好自己，面对生活工作中的种种困难完全能够应付，让父母没有担心的理由，那么，父母就会以我们为傲，唠叨自然就少了。

当然，倾听父母的最好方式是听听他们的人生故事，问他们的一生曾经发生过什么，他们心中有什么愿望，哪些愿望实现了又还有哪

释怀：
如何获得内心的平静

些遗憾等。"你知道父母喜欢吃什么吗？"这是一个非常简单的问题，但是你能说出来吗？你是否曾经倾听过父母的需要？你是否真的了解父母？

一天，一位小学老师问孩子们："你们知道父母喜欢吃什么吗？"孩子们想了很久都想不出来。老师又问："那父母知道你们喜欢吃什么吗？"孩子们的愁容顿时消散，兴奋地举手说："知道！他们知道我最喜欢吃这个，他们知道我喜欢吃那个……"一连串说出十多种。老师又问："为什么父母知道那么多你们喜欢吃的，可是父母喜欢的你们一样也不知道，这样对父母公平吗？"

比尔·盖茨曾说过："在没有你之前，你的父母并不像现在这样乏味。"的确，在没有我们之前，父母有自己的梦想，因为我们的出生，他们不得不去拼搏，不得不放下心中的梦想。父母也渴望着孩子的关心，他们一生的艰辛希望有人倾听，他们的心结也需要有人疏解，当他们感到真正被倾听和了解了，心中就会平静、幸福了。

在电影《心灵点滴》里，医学院实习生帕奇接收了一位老太太。她整天郁郁寡欢，连续三周都不肯吃东西，无论儿女如何央求，无论医师如何劝解，都无法说服她进食，直到帕奇的出现。帕奇认为医院冷冰冰的机械设备会使病人感到孤独无助，他试图去了解每一个病人的内心想法。

当帕奇问老太太有什么愿望时，老太太有些害羞地说："我从小到大最大的一个愿望，就是在装满意大利面条的水池里洗澡。"别的医生都觉得这无比荒诞可笑，但帕奇立刻组织人员布置了一个放满了意大利面条的充气泳池。老太太在里面痛痛快快地圆了"在有面条的温水泳池游泳"的美梦。之后，她终于开始吃东西了，而且她的生活充满了快乐。

相信，所有父母都希望拥有像帕奇一样的儿女。

来吧，试着倾听父母的唠叨吧。与父母好好地交流一次，让他们说说自己的心声，听听他们心中的独白，好好地了解一下，一点一点进入他们的世界，这是给父母最好的礼物。你会发现，这足以让他们喜笑颜开，而且他们心底的声音会是人间最美的天籁，平凡的日子陡增了动人的光彩……

◎ 多倾听，取"真经"

在生活中，有些人不喜欢倾听别人的意见，喜欢将"我很早就明白了""不用说了，我知道了"这类自满的话挂在嘴边，殊不知，这不仅是对别人的一种不尊重，还会导致"满招损"的悲剧，画地为牢。

爱迪生一生仅仅接受过3个月的正式教育，却在有生之年获得了1000项发明专利。然而，如此伟大的爱迪生，在他晚年时也曾出现过"败走麦城"的一刻，原因就在于那时的他骄傲自满，听不进别人的意见。

当白炽灯彻底获得市场认可后，爱迪生的电气公司开始利用电力网输送直流电。当时，交流电也开始崭露头角，发展交流电技术的威斯汀豪斯公司想通过这项技术与爱迪生合作，可是爱迪生固守于直流电方面的认知，根本不承认交流电比直流电强，拒绝了威斯汀豪斯公司的合作请求。

自谋出路的威斯汀豪斯公司一度几近破产。然而，谁也无法阻止事物的发展规律，"交流电"终以锐不可当之势浮出水面，赢得了世人的认可。在铁的事实面前，爱迪生终于承认自己错了，交流电的确要

释怀：
如何获得内心的平静

比直流电强得多。

因为不愿意听从威斯汀豪斯公司的建议，爱迪生给自己的人生留下了遗憾。"满招损，谦受益"，这是《尚书·大禹谟》里的两句话，教人修身养性的。寥寥六字，微言大义，就是提醒我们要多向别人学习，不耻下问。"三人行，必有我师焉。"孔子这样的千古圣人尚能如此，何况吾辈凡夫俗子。

"泰山不让土壤，故能成其大；河海不择细流，故能就其深。"这是一个不断变化的时代，也是一个不断更新的时代，每个人的知识和思路都是有局限性的，认真倾听别人的意见，时刻接受新的思想和智慧，尤为重要。

在这里，我们需要提及一个归零心态，也可以称之为"空杯心态"。其含义富有哲理，即一个装满水的杯子很难接纳新东西，如果想获得进步，需要先把自己想象成"一个空着的杯子"，而不是一个装满水的杯子。

一位学者去一个寺庙拜访一位德高望重的老禅师，请教什么是禅。年轻人自认为在各方面造诣很深，与大师侃侃而谈，言谈之间甚至流露着傲慢。老禅师以茶相待，可是在倒茶时明明杯子已经满了，他却没有停下来的意思。

学者在一旁，嚷道："大师，茶已经满了，别再倒了。"

老禅师轻轻一笑，说出禅机，"是啊，既然杯子已经满了，水怎么还能倒得进去呢？你就像这只茶杯一样，你的头脑里装满了你对禅的想法却来问我。如果你想让我说什么是禅，你得先把自己的杯子空出来啊。"

"先把自己的杯子空出来"，一语惊醒梦中人。假如我们面前的杯

第二辑 做觉悟的人
—— 当心柔软了，你就能包容下世界

子是满的，怎么斟得下更多的茶呢？在知识的求索上，我们一定要学着倒空"杯子"中的自满和固执，倒空"杯子"中的偏见和自私，善于倾听别人的意见。不耻下问，谦虚好学，我们才能取到"真经"，掌握真才实学，做时代的弄潮儿。

的确，多听一次别人的意见，就等于多增加一份学识。比起那些成功者，大多数人或许并不缺少什么：学历、履历、经验……或许我们的思想境界比他们还高，或许我们比他们懂得更多，可是最重要的一点是：在倾听别人意见这方面，他们做得要比我们更好。

林肯出生于美国肯塔基州一个贫苦的农民家庭，青年时期的他先后当过伐木工、船工、店员、邮递员等，这些经历使他对普通人民群众有着深厚的感情。出任美国总统后，为了不和民众之间拉开距离，林肯始终善于倾听民众的心声。

为此，林肯在白宫外面度过的时间要比在白宫多。他常常不顾总统礼节，在内阁部长正在主持会议时走进去，悄悄地坐下来倾听会议内容；他不愿坐在白宫办公室等待阁员来见他，而是亲自前往阁员办公室与他们共商大计。而他的白宫办公室，门总是开着的，政府官员、商人、普通市民等想进来谈谈都可以。众多的来访者使保卫工作非常难做，尽忠职守的保卫人员对此常常会抱怨。林肯解释道："让民众知道我不怕到他们当中去，他们也不用怕来我这里，这一点是很重要的。"

林肯不管多忙也要接见来访者，甚至还鼓励人们来访。1863年，他写信给印第安纳州的一个公民："在言谈中，用耳朵比用嘴巴强。我一般不拒绝来见我的人。如果你来的话，我也许会见你的。告诉你，我把这种接见叫'民意浴'，因为我很少有时间去读报纸，所以用这种方法搜集民意。"

释怀：
如何获得内心的平静

谈起自己的"民意浴"，林肯曾感慨地这样说："虽然民众意见并不是时时处处都令人愉快，但这种倾听让我获得了来自各界的声音，不仅缩短了我与人民的距离，加深了彼此的感情，而且激发了人民参与国事的主动性和积极性。总的来说，其效果还是具有新意、令人鼓舞的。"

从林肯的"民意浴"可以看出他与众不同的领袖气质和精神境界，这使他成为深受民众欢迎的总统。更重要的是，他倾听了民意之后，获得了比别人更多的信息，克服了自身的心理定式，进而能够制定出英明的决策，从而更接近成功。妙在倾听、神在倾听、贵在倾听、赢在倾听。

另外，倾听别人的意见时，就算你不同意对方的意见，不采纳对方的意见，也要诚心诚意地尊重对方的意见，并且让对方感受到你的尊重。聆听和尊重比采纳更为重要。这不仅可以体现出一个人海纳百川的胸襟，还可以彰显出一个人与人为善的修养，是我们应持的正确的处世态度。

总之，时常接受新的知识，让自己保持活力和进步，对于我们至关重要。随时倒空自己的"杯子"，用心地倾听别人，虚心地向别人请教，在他人的指点中完善自我，提高自我。这不是一朝一夕的事情，但是坚持下去，你就会产生脱胎换骨的变化，进而安心地享受生活。

◎ 100%成为社交明星

上帝仅仅赋予了我们每个人一张嘴，却同时给予了我们两只耳朵，这是在委婉地告诉我们：要重视倾听。然而实际生活中，很多人只知道表达自己，而不懂得倾听。比如朋友聚会，一位朋友因春风得意有

第二辑 做觉悟的人
——当心柔软了，你就能包容下世界

些居高临下，满座听他一人高谈阔论，容不得别人插话，结果夺了风光、失了人心。

事实上，人人都有表现自己、表达自己的欲望，都希望获得别人的尊重，受到别人的重视。而倾听所传递的正是一种肯定、信任、关心乃至鼓励，即便你没有给对方指点或帮助，也会给对方留下谦虚温和的深刻印象，对方也会感激你、喜欢你、支持你，让你100%成为社交明星。

马里兰是他朋友圈中最受欢迎的人，无论走到哪里都很受大家喜欢，经常有朋友邀请他参加聚会、共进午餐。当他在生活和事业上遇到困难时，也总有人愿意帮助他，这令他的朋友蒙特罗很不能理解。

这天，蒙特罗和马里兰一起参加一个小型社交活动。席间，他发现马里兰正在和一位漂亮的女士坐在一个角落里交谈。蒙特罗还发现，那位女士一直在说，而马里兰好像一句话也没说，只是有时笑一笑，点一点头，仅此而已。他们聊得非常愉快，那位女士还几次主动邀请马里兰一起跳舞。

活动结束后，蒙特罗问马里兰："那个女士真迷人，你们以前认识吗？"

马里兰摇摇头说："今天是我第一次见她，是别人介绍我们认识的。"

"是吗？"蒙特罗明显有些惊讶，"她好像完全被你吸引住了，你是怎么做到的？"

马里兰笑了笑，语气中掩饰不住喜悦："很简单，我只对她说：'你的身材真棒，你是怎么做的？平时是注意保养，还是喜欢健身？'她说自己每周都去健身房，'你能把一切都告诉我吗？'我问。于是，接下去的一个小时，她一直在谈健身的事情。最后，她要了我的电话，她说和我聊天很愉快,还说很想再见到我,因为我是最有意思的谈伴。但说实话,我整个晚上没说几句话。"

看,这就是马里兰深受欢迎的秘诀。我们大家可能都有过这样的经历,当自己在说话的时候,是多么希望别人能够真正地认真倾听。当有人全神贯注地倾听我们所表达的,用我们的思维和情感去思考时,我们就会感到自己被关注、被重视,从而对对方产生好感,愿意与之交往下去。

名人访问者伊萨克·马克森曾说:"许多人不能给人留下很好的印象是因为不注意听别人讲话。他们太关心自己要讲的下一句话,以致不愿意打开耳朵……一些大人物告诉我,他们喜欢善听者胜于善说者,但是善听的能力似乎比其他任何物质还要少见。"

古诗曰:"风流不在谈锋胜,袖手无言味最长。"倾听是一种理解和接纳他人的高尚人品,是一种谦和大度的做人修养,也是说服别人、赢得人心的最好方法。静坐聆听别人,既不用耗费多少力气,又能左右逢源,何乐而不为呢?无论你才能有多高,请学会倾听别人;无论你能力有多强,请懂得倾听别人。

不过,真正有效地倾听,不仅仅是用耳朵,还要眼到、嘴到、心到。倾听时心不在焉、神情恍惚,或者是不耐烦地东张西望,或者是机械地摆弄自己手里的物品等,都称不上是倾听。要想有效倾听别人就需要掌握一定的倾听技巧,不断地进行自我修行。

保持良好的精神状态

保持良好的精神状态是倾听的重要前提。因此,你要努力保持大脑的活力,使大脑处于兴奋状态,聚精会神、全神贯注地聆听,紧跟对方的思路。如果你是在一个喧哗嘈杂的房间里和人谈话,你应当想方设法让对方感觉到房间里只有你们两人，尽量不要让其他的人或事分散注意力。

适时适度地作出反馈

谈话时，应善于运用自己的动作、表情、插入语和感叹词等，及时给予对方回应。比如，如果明白了对方诉说的内容，要不时地点头示意；如果没有听懂或想重点表达，可以用自己的语言重复对方所说的内容；还可以适时适度地提出问题。这会让讲话者感到你理解他所说的话，能够给讲话者以鼓励，有助于双方的相互沟通。

一定要有足够的耐心

在倾听过程中，一定要有足够的耐心。这体现在两个方面：一是当对方说话内容很多，或者由于情绪激动等原因语言表达有些零散甚至混乱时，要鼓励对方把话说完，自然就能听懂全部的意思了；二是别人对事物的观点和看法有可能是你无法接受的，你可以不同意，但应试着去理解别人的情绪，不要随意打断别人的话，或者任意发表评论。

总之，倾听是一种尊重别人的美德，是对讲话者的一种高度赞美。倾听能使别人喜欢你、信赖你。就像一位作家所说："倾听意味着对别人的话持精神饱满和感兴趣的态度。你应像一座礼堂那样倾听，在那里，每一个声音都更饱满、更丰富地返回。"在人际交往中，与其会说不如会听。

「第2章」
同理心的力量

人与人之间最可贵的是换位思考，培养自己的同理心，体会他人的情绪和想法，理解他人的立场和感受，并站在他人的立场处理问题。不管风吹浪打，你都能做到化万丈巨浪于无形，保持闲庭信步的雅兴。如此，你也就不知不觉地脱离了平庸和俗气，心中涌出快乐的甘泉。

◎ 不要紧，你心情不好

如果有人做了让我们觉得很痛苦的事，不少人往往会以同样的方式激怒对方，让他也同样受苦，如此，自己便觉得安慰些。我们会想："你害得我那么痛苦，我要惩罚你，给你一点苦头吃。只要看到你痛苦，我就会觉得好多了。"但当你使对方痛苦时，他也会反击，好让自己舒坦些。

结果呢？双方的痛苦不断加深，谁都得不到好处。

温薇对抽烟深恶痛绝，结婚那天规定丈夫姜涛从此戒烟。姜涛深爱着温薇，因为没有烟瘾，慢慢地就将烟戒掉了。但是，温薇有一次下班回家，看到姜涛坐在电视机前，手里居然夹着一根烟，便与姜涛大闹了一场。

姜涛解释说自己是因为公司的事情心情不好才抽烟的，但是温薇始终不肯原谅他。"我平时对你那么好，要求你戒烟也是为了你好，你却背着我抽烟，真是没有良心。"有朋友得知情况后，劝说温薇要理解

第二辑　做觉悟的人
——当心柔软了，你就能包容下世界

姜涛。谁知，温薇却理直气壮地回答："心情不好怎么了，就可以为所欲为了吗？"

姜涛在公司好歹也是个部门经理，挺有自信地管理着上百号人，可在家里却只有挨骂的份儿。渐渐地，他的自尊心受到严重的伤害，甚至觉得自己一无是处，糟糕到了极点……后来，姜涛抽烟的次数越来越多，和温薇吵架的次数也就愈加频繁，再后来他们选择了离婚，从此形同陌路。

姜涛背着自己抽烟，在温薇看来是不能容忍的。她不但不理解他，而且不断地指责他，始终不肯原谅他，结果姜涛抽烟的次数越来越多，以致争吵，离婚。由此可见，在人际交往中，破坏力最强的莫过于揪着别人的错误不放。它不仅会带来一场不快、一场争吵，甚至能使情人变成怨偶，使朋友变成敌人。

其实，当别人做错事情的时候，我们最需要的是慈悲，因为没有任何人应该得到惩罚。"人非圣贤，孰能无过"，人总有需要别人原谅自己的时候，而且一个人说错话或做错事，总是有原因的，理解一点，站在对方的立场上思考问题，用慈悲之心来帮助他人认识错误，改正过错，比责骂和教训会获得更好的效果。因为慈悲是一种包容，是一种关怀，它最具有力量。

我们不妨先来看一个故事。

梦窗禅师是唐朝开元年间有名的禅师。有一次，他搭船渡河，渡船刚离岸时，远处来了一位骑马佩刀的大将军，大声喊着让船夫等他一下。船上的人认为船已开行，纷纷叫将军等下一艘。梦窗禅师则对船夫说："这船离岸还没有多远，你就行个方便，掉过船头载他过河吧！"于是，船夫把船开了回去，让那位将军上了船。

释怀：
如何获得内心的平静

将军上船后见座位已满，便用鞭子抽打坐在船头的梦窗禅师，叫骂着给他让座。鞭子打在梦窗禅师的头上，鲜血顺着脸颊流了下来，梦窗禅师一言不发地把座位让了出来。大家窃窃私语，指责这位将军忘恩负义。将军隐约听到了大家的议论，不免心生悔意，于是下船前向梦窗禅师认错。

谁知，梦窗禅师心平气和地回答："不要紧，你心情不好。"

梦窗禅师的雍容大度令人叹为观止。在别人犯错的时候，我们应像梦窗禅师一样不去责骂或惩罚犯错的人，而是宽以待人，以"不要紧，你心情不好"宽慰对方，让其自省，发现自己的错误。试想一下，如果梦窗禅师对这位将军加以指责，结果会怎么样呢？很可能导致一场冲突。

面对别人的错误，最高明的方法就是慈悲一点儿，给予原谅。假如别人能够觉察自己的错误，内心愧疚，你会收获一份尊敬；假如别人不能觉察自己的错误，你也避免了被别人的错误所伤害。你对别人的原谅，不仅修得心中雅量，还衬托了别人的粗鄙，实在是一箭双雕的事情，何乐不为呢？

包布·胡佛是一名著名的试飞员，他常常在航空展览中表演飞行。一天，胡佛驾驶着一架螺旋桨飞机在高空表演，当飞机飞行到空中300英尺的高度时，引擎突然熄火。凭着熟练的技术，胡佛操纵着飞机着陆，没有人受伤，但是飞机被严重损坏了。在迫降之后，胡佛首先检查了飞机的燃料。天呐！他发现，这架螺旋桨飞机里居然装的是不对口的喷气机燃料。

回到机场以后，胡佛找到了为他保养飞机的机械师。那位年轻的机械师早已知道，自己的粗心造成了一架非常昂贵的飞机的损失，还差一点使三个人失去生命。他为自己所犯的错误而感到难过，泪流满面。他心想：包布·胡佛这位极有责任心、事事精益求精的飞行员必然会痛责自己的疏忽。

但出人意料的是，胡佛没有指责这个机械师，而是轻轻地用手臂抱住了机械师的肩膀，温和地对他说："你是一个非常专业的机械师，绝对会认真对待工作的。之所以出现这样的错误，我猜想你当时是被其他什么事情干扰了。为了证明你不会再犯错误，我决定给你一个机会，明天你再为我保养飞机，好吗？"

年轻的机械师狠狠地点了点头。

毫无疑问，包布·胡佛是一位心怀慈悲的人。他通情达理、善解人意，能够原谅这个机械师的过失，坚持说对方的本意是好的，只是一时不小心才犯下了错误，结果使年轻的机械师心存感激，努力将功补过。

一个人的过错，常常不是有意造成的。生活中，请让我们相信，做错事情的人都有值得同情和原谅的地方。从对方的角度出发，多一些理解，动之以情，循循善诱，使他们深刻地认识自身错误，多给他们一些将功补过的机会。相信这样可以使你温暖一颗失落的心，赢得更多的尊敬和支持。

◎ 每个生命都从不卑微

人与人之间是存在差异的，如有的人事业风光，有的人下岗失业，有的人腰缠万贯，有的人贫困潦倒……基于此，有些人习惯在不如自己的人面前大耍派头，目空一切，盛气凌人。殊不知，这是一种不尊重他人的表现，只会招致别人的反感，让自己难以下台。

有一次，英国大文豪萧伯纳在苏联莫斯科访问，他在街头散步时见到一个非常可爱的小女孩，便和对方玩了起来。分手时，萧伯纳笑着对小女孩说："小姑娘，回去告诉你的妈妈，你今天和伟大的萧伯纳一起玩了。"

谁知，这个小女孩儿也学着萧伯纳的口气说："好，你回去了也要告诉你的妈妈，你今天和伟大的苏联女孩儿安娜一起玩了。"

小女孩的话深深地触动了这位大文豪的心。他立刻意识到了自己的傲慢，并向小女孩儿道歉，两个人高兴地道了别。后来，萧伯纳每回想起这件事都感慨万千，他说："一个人无论有多大的成就，对任何人都应平等相待。"

当你摆出了一副高傲的架子时，别人也会用同样的方法来回敬你。小女孩的话深深地触动了这位大文豪的心，让萧伯纳意识到了自己的错误，重唤谦虚恭敬之心，向女孩诚恳地道了歉，从而赢得了女孩的喜爱和尊重，也显示出了一代伟人的风范。你在对别人恭敬的时候，才会赢得别人对自己的尊重。

人人都渴望平等，任何抬高和贬低自己的语言和行为，都不利于建立和谐的人际关系。在现代礼仪中，尊重是最基础的，也是最重要的。一个人无论有多么大的成就，都要在尊重的基础上，平等地对待每一个人。所谓尊重就是指以礼待人，礼尚往来，既不盛气凌人，也不卑躬屈膝。

官职再大，地位再高，钱财再多又怎样，每个生命都不卑微，所有人的人格都是平等的，世界上谁也不会比谁高贵多少。即使你再高人一等，也没有盛气凌人的资本。法兰西第一帝国皇帝拿破仑就经常

第二辑 做觉悟的人
——当心柔软了,你就能包容下世界

告诫自己的部下:"在这个世界上,没有无用之物,不管是什么东西,我们都不应该加以贬低。"

子曰:"君子不重则不威。"重为庄重,不是自命贵重;威乃威严,绝非八面威风。那些取得伟大成就的人,无论居于何等高位,身份多么尊贵,都会以一颗慈悲之心,尊重身边的每一个人。这是一种伟大的品德。

尊重别人,就是对他人恭敬。当你具有这种品德时,你就会设身处地为他人着想,考虑别人的感受和需求。"你希望别人怎样对待你,你就应该怎样对待别人",只有尊重别人,你才能收获尊重和欣赏。退一步说,就算他们不会给你丰厚的回报,你尊重他们也不会损失什么,反而赢得了良好的口碑和人缘。

有一回,苏联大文豪斯路肯夫在公园里散步时,看到一个衣衫褴褛的乞丐躲在公园的角落里。乞丐每次向人乞讨都很不好意思,而且很多人冷漠地走开了。斯路肯夫很同情这位乞丐,便决定给他一些钱,但是他翻遍身上所有的口袋,却找不着一分钱。

望着乞丐充满期盼的眼神,斯路肯夫很过意不去。他本想大步走开,摆脱这种尴尬,但是他觉得这样做有点不妥,于是便伸出手去,紧紧地握着乞丐那双脏兮兮的手,真诚地说:"真抱歉,我今天出来没有带钱。"

顿时,乞丐的眼中漾起了一种从未有过的满足感。他紧紧地握着斯路肯夫的手,感动地说:"先生,谢谢您。你已经给我施舍了,您不嫌弃我的肮脏和贫寒,您的握手就是对我最大最好的施舍了!"

乞丐并没有从斯路肯夫手中讨得一分钱,可是他却非常感激他。这是因为在别人都冷漠地离去时,这位伟大的作家并没有表现出丝毫的嫌弃之意。他发自内心的尊重，让乞丐原本伤痕累累的心有了些许温暖的感觉。通过这个故事，我们看到了人与人之间的尊重，也看到了斯路肯夫高尚的人格。

尊重是心灵和生命里最珍贵的礼物，尊重让人温暖和感动。人可以有富足和贫困之分，但人格的高尚不会因为生活的境遇而发生改变，即便是生活在社会底层的人们，对尊重也有同样的渴望。尊重每一颗心灵，给心灵予以尊敬，是我们每一个人都应该做到的。

◎ 君子，当成人之美

孔子对"君子"有多处论述，其中讲到"君子成人之美"，是说君子应该以慈悲为怀，主动给予他人以无私的帮助，促其成事；成人之美，换成现在的话就是要助人为乐，这是做人的道德，亦是做人的修养。只为自己着想，从不考虑别人，是一个无情无义的人，最终只会害人害己。

一个富人的女儿患上了一种十分罕见的疾病，看遍了全国所有的名医都无济于事。有一天，富人得知一位德国名医要来他所在的城市考察的消息，他又重新燃起了希望，通过各种社会关系联系这位名医，但都杳无音信。

一天下午，外面下着大雨，突然有人敲门，富人非常不情愿地把门打开，站在门口的是一个又矮又胖、衣服湿透、样子很狼狈的人。这人说："对不起！我迷路了，我能借用一下您的电话吗？"富人很不悦地说："对不起！我女儿正在休息，我不希望有人打扰她。"说完，便关上了门。

第二辑 做觉悟的人
——当心柔软了,你就能包容下世界

第二天早晨,富人在读报纸的时候,看到了一则关于德国名医的报道,上面还附着他的照片。天呐!他惊呆了!原来那位名医竟然是昨天敲门借用电话的那位矮胖男人。富人后悔莫及。

事例中的这个富人是一个不懂得成人之美的人,正是因为他舍不得借用电话给一个陌生人,所以把本能救助自己女儿的医生拒之门外,而且这个医生还是他千方百计想联系却一直联系不上的人,他有多后悔可想而知。

成人之美,助人为乐,这是立身之本,是幸福之源。

一分耕耘,一分收获。我们付出多少,相应地就能得到多少回报。如果我们能够设身处地为别人着想,奉献一己之力,助人为乐,为别人提供方便,那么别人也会对我们慷慨大方,也会设身处地为我们着想。当我们遇到困难时,别人也会为我们提供方便。互相帮助是甘露般的妙药。

这就像姜太公曾经说过的一句话:"天下者,非一人之天下,乃天下之天下也。""与人同病相救,同情相成,同恶相助,同好相趋,故无甲兵而胜,无冲机而攻,无沟堑而守。"这意思就是说:我们爱人就是爱己,利人就是利己,助人就是助己,方便别人就是方便自己。

有一个年轻人因为一场车祸去世了,遇到上帝时,他问:"在我们的世界里,有许许多多关于天堂地狱的说法,你能不能让我看一下真正的天堂与地狱到底有什么区别?"上帝见年轻人很真诚,就答应了他的要求。

他们先来到地狱,年轻人感到浑身冷得瑟瑟发抖,地府中寒气逼人,看见的都是骨瘦如柴、饱受饥饿的灵魂。"为什么他们都这么瘦呢?好像一副没吃饱的样子。"年轻人有些害怕地问上帝。

释怀：
> 如何获得内心的平静

"你看那边！"此时，一群灵魂围在一个巨大的锅旁，锅里煮着美味的食物。他们每个人都争先恐后地用勺子盛食物，送到自己嘴边。可是，他们手里的勺子太长了，吃到嘴里的远没有掉到地上的多，人人又饿又失望。

接着，上帝又带年轻人来到天堂。一群灵魂正在一个巨大的锅旁吃饭。他们手上的勺子也很长，可是人们都是把盛上食物的勺子送到对面人的口中。你喂我，我喂你，他们都能吃饱饭，所以个个脸色红润，身体健康，如仙人一般。

看到这个情景，年轻人顿时明白了天堂和地狱的区别。

天堂与地狱之所以有天壤之别，唯一不同的就是天堂的人不是自私地将勺子喂给自己，而是彼此喂食物。静思这个故事，定会明白伸出我们的双手，助人一臂之力，给人以支持，给人以温暖，看似是在做"赔本"买卖，实际上最终往往可以获得更多，且会形成互助、互爱、互帮的良好人际关系。

所以，我们要善于对别人付诸真诚和爱心，助人为乐，成人之美。

再来分享一个经典故事。

乔治·伯特是著名的渥道夫·爱斯特莉亚饭店的第一任总经理。年轻时，他只是一家旅馆的普通服务生。一个暴风雨的晚上，刚工作不久的他正在柜台里值班，有一对老夫妇走进旅馆大厅要求订房。查看了房间记录后，乔治·伯特很抱歉地对两位老人说："今晚，我们这里已经没有空房间了，对不起。"

看着老夫妇失望的表情，又看了看门外的瓢泼大雨，乔治·伯特不忍心再让这对老人深夜出门另找住处，而且在这样一个小城，恐怕其他的旅店也早已客满打烊了，总不能让老人在深夜流落街头吧！于是，他说道："如果你们不嫌弃的话，今晚就住在我的床铺上吧，我自己在店堂里打个地铺就行。"

这对老夫妇谦和有礼地接受了乔治·伯特的好意。第二天早上，他们要付房费，但伯特坚决拒绝了。临走时，老先生要了乔治·伯特的电话号码，说："你可以当一家五星级酒店的总经理，也许我将来会为你建一座酒店呢。"乔治·伯特笑了笑，姑且认为这只是一个玩笑，很快就将这件事情忘记了。

故事并没有因此而结束：过了一段时间，乔治·伯特真的接到了那位老先生的电话，邀请他到曼哈顿去。因为那位老先生真的建起了一座豪华饭店，并邀请乔治·伯特任这家饭店的第一任总经理。这家饭店就是美国著名的渥道夫。乔治·伯特目瞪口呆，他没想到举手之劳会让自己收获这么多。

你看，当我们主动善意地对待别人，尽最大的力量去帮助需要帮助的人的时候，我们不但可以得到别人回馈来的好处，而且有可能得到意想不到的惊喜，如良好的人际关系，整个幸福的人生。这不是收获更多吗？那么，我们主动为别人付出一点，牺牲一点，又算得了什么呢？

更何况，一个乐于助人的人，内心必然有种种快乐；一个乐于助人的人，必定不会侵犯他人。因为在他们的心中，只有友善和爱，他们视帮助别人为人生乐事，自己也会被快乐包围。正如星云大师所说："滴水可以穿石，细沙可以阻挡洪流，只要常做善事，助人为乐，当然就会'为善常乐'！"

"路径窄处，留一步与人行；滋味浓处，减三分让人尝。"一个人的能力有大小，但是有了助人为乐的品德，就能成为"一个高尚的人，一个纯粹的人，一个有道德的人，一个脱离了低级趣味的人，一个有益于人民的人"。

◎ 得"理"别失"礼"

古时候，有个道士擅长下围棋，凡是与别人下棋，总是让人家先走一步。后来他写了首诗："烂柯（围棋）真诀妙通神，一局曾经几度春。自出洞来无敌手，得饶人处且饶人。"这就是"得饶人处且饶人"的来历，是指做事须留有余地，不要一棒子把人打死，能饶恕的地方就尽量饶恕。

然而，在现实生活中，我们经常可以看到一些人一旦得了理、占了势，就气势汹汹，不可一世，非得决一雌雄才罢休，非逼得对方鸣金收兵或竖白旗投降不可，结果看上去得了"理"，事实上却早已失了"礼"，最终使自己走向孤立无援的地步，生活工作各方面陷入窘迫。

马超是某文化公司策划部的成员。他学历高、口才好、思维敏捷，提及的策划方案总是能够得到众人的肯定。但马超有一个缺点，那就是做事不给人留余地，尤其是自己有理的时候，非要和别人争个高下。比如，当同事提出一些不太成熟的策划案时，马超总会毫不客气地横加指责，有时女同事都能被他说哭……渐渐地，同事们都不喜欢和马超一起工作了。

在马超的思想里，自己这样做并没什么不对，因为这一切都是"理由充足"。然而，一段时间后，公司组织全体员工互相进行评价，并决定将得分最高者提拔为新主管。马超是最低分，毫无疑问与主管之位无缘。

第二辑 做觉悟的人
——当心柔软了，你就能包容下世界

面对同事的工作不"合格"，马超提出批评"理由充足"，但是他不留余地，不依不饶，把同事训哭就显得不合情理了，只会给别人留下不可理喻的印象。同事们自然对他的评价会很低，甚至一有机会就要"报复"他一下。这也是人之常情，毕竟兔子急了还会咬人呢。

那么，得理时该怎么办？古人说得好："饶人不是痴汉，痴汉不会饶人。"最好的处理方法是，把心胸放宽一些，得饶人处且饶人，做事留有余地，力争做到恰如其分，适可而止，这样不仅可以避免一些没有价值的争执，而且你也能为自己赢得好处——使事情朝着所希望的方向发展，至少对方不会置你于死地。

一天，某商业街的一个黄金行，突然来了一位面带怒色、前来投诉的女士。一进门，这位女士就大声吵嚷："你们太坑人了吧，我前几天刚买的黄金戒指居然消光了。"顿时，吸引了很多人的目光。

看到这位女士的架势，王经理为了不影响其他顾客购物，便客气地指引她到大堂休憩区。王先生拿过戒指看了看，聆听了女士的购买过程，微笑着问道："女士，请问您在哪儿工作？"

"我在化学试剂厂工作，有什么问题吗？"女士火气未消地回答。

"我还想问一下，您平时上班时戴首饰吗？"王先生依旧微笑地询问。

女士白了他一眼，说道："当然戴喽！"

"以后上班时，您最好不要戴首饰了，因为首饰容易受到化学试剂的腐蚀，这是一个常识。"王先生耐心地给女士讲解。说完，他把戒指给了技术人员，重新做了一番处理，使之恢复原状。

这位女士明白了，不好意思地道歉："刚才我太性急，还没搞清楚就……"

王先生摆摆手，微笑着说："哦，您不要这样说。出现这样的问题，

释怀：
如何获得内心的平静

都怪我们工作没有做好，如果在销售时我们将黄金首饰的保养方法详细告诉您，就不会出现这样的问题了，我为我们的失误道歉。"

一听这话，女士从尴尬中解脱出来，她走到黄金行营业厅中央大声地道歉："对不起！打扰大家购物了，我在这里特向你们道歉，向黄金行道歉。请你们放心购买这里的金银首饰，这里无假货，服务好。"

在接待前来投诉的女士时，王经理懂得有理让三分的道理。他没有因为顾客没有正确地保养戒指、无理取闹就还以颜色，而是始终面带微笑为顾客服务，然后用委婉的语气告诉顾客事实的真相。这样既在众人面前保住了顾客的尊严，也使顾客意识到了自己的错误，最终满意而去，其德行可见一斑。

由此可见，有理并不在于声音的大小，也不在于言辞是否犀利，而是在于人心。当双方处于尖锐对抗状态时，得理者的忍让态度能使对立情绪"降温"。而且，理直气"和"远比理直气"壮"更彰显风范，显示出一个人的胸襟之宽广、修养之深厚、心灵之强大，更能说服和改变他人。因为，得理的时候让三分，你就给自己和对方都留了体面。你退一步，对方心中会感谢你给他留了面子。

总之，宽容就像是一面镜子，可以随时照出人的胸怀。得理不饶人、斤斤计较的人只会照出他丑陋与狰狞的一面；心胸宽广、心怀坦荡的人就会照出宽容、慈悲的一面。正所谓："莫把真心空计较，唯有大德享万年。"人人头上有青天，得饶人处且饶人，各自相安无事，自然皆大欢喜。

第二辑 做觉悟的人
——当心柔软了，你就能包容下世界

◎ 要"我们"，不要"我"

在开口说话时，我们要注意这样的细节，说"我"和"我们"给人的感觉完全不同。

有这样一个故事。

A 和 B 两个好朋友在一同散步，半途他们看到地上有一张百元大钞。

A 赶紧跑过去，捡起那张百元大钞，兴奋地对 B 说："你看，我的运气真好。"说着，就把那张百元大钞独自放进了自己的口袋。

这时，失主找来了。他不仅要回了那张百元大钞，还诬告 A 偷了他的钱包。

A 有口难辩，无辜地对 B 说："这回我们可麻烦了。"

B 听后，立即纠正说："不是'我们'，你应该说'这回我可麻烦了'才对！"

常说"我想""我要"等语，会给人突出自我、标榜自我的印象，会在对方与你之间筑起一道防线，形成障碍，影响别人对你的认同。亨利·福特二世描述令人厌烦的行为时说："一个满嘴'我'的人，一个独占'我'字、随时随地说'我'的人，是一个不受欢迎的人。"

相反，用"我们"一词代替"我"来做主语，例如：将"我建议，今天下午……"改成"今天下午，我们……好吗？"则有助于彼此达成共识，彼此促进感情交流，彼此缩短心理距离，对促进人际关系将会有很大的帮助。因为说"我"有时只能代表你一个人，而说"我们"代表的是大家，默许中形成了一种共识。

为此，有一位心理学家曾做过一项科学而有趣的实验。他让同一

释怀：
如何获得内心的平静

个人分别扮演专制型和民主型两个不同角色的领导者，而后调查人们对这两类领导者的观感。结果发现，采用民主型的领导方式，人们的团结意识最为强烈。研究结果也指出，这些人中使用"我们"这个名词的次数也最多。而专制型方式的领导者，是使用"我"字频率最高的人，也是不受欢迎的人。

在听演说家演讲时，我们都会情不自禁地接受他们，被他们的气场所感染，最终被说服。这是为什么呢？仔细想想，你会发现，演说家们很少说"我"，而是常用"我们"这个词语。那些社交经验丰富的人们，也正是因为他们一般很少说"我……"，都是说"我们……"。

罗文是一家家具店的老板，说实话，他的家具质量、款式等并不是最好的，但奇怪的却是最受顾客欢迎，令其他家具店望尘莫及。罗文有什么经营秘诀吗？请看一下他是如何推销桌子的。

这天，有一位顾客光顾，对罗文说："我想买一种自由折叠，高度可以自动调节的桌子。"罗文立即搬来了一张桌子，热情地介绍起这张桌子的功能。

顾客看了看，不满意地说："我觉得这张桌子的款式有些旧。"

罗文微笑着说："在我们大多数人看来确实如此，而且它的结构有毛病。"

"结构有毛病？"顾客追问道。

罗文解释道："是啊，我们现在已经不仅把桌子当物品用了，还希望它的外表美观大方，就像装饰品一样。这张桌子嘛，结构有些简单了。"顾客点点头，罗文却突然猛地一脚踏上了桌子，还用力地踩了踩，然后满意地点点头："我们踩得这么狠都没有问题，看来这桌子挺结实，你说呢？"

顾客再点点头，用力拍了拍桌子。

罗文轻松地耸耸肩，"没关系，买东西不精挑细选的话，我们是会吃亏的"。

顾客笑了起来，脸上露出喜悦的神色，当即买下了这张桌子。

看到了吧，多说"我们"少说"我"，乍一看就差了一个字，没有什么特别。但仔细想想，还是有很大区别的。"我们"表明说话的人很关注对方，站在双方共有的立场上看问题，把焦点放在对方，而不是时时以自我为中心。在说话时强调"我们"，就会让对方感受到他与你是"命运共同体"，即使不能让别人绝对信任你，但也会让别人不由自主地愿意和你亲近接触。

事例中，店主罗文和顾客本来是利益矛盾的两个人，但罗文说了很多温暖"我们"人心的话——"在我们大多数人看来""我们现在已经不仅把桌子当物品用了""买东西不精挑细选的话，我们是会吃亏的"。他那颇具亲和力的语气感染了顾客，使顾客感觉两人处于相同的立场上，是可以信赖的朋友，从而达成生意。

试想，罗文如果一味地向顾客吹嘘"我"的桌子有多好，即便他说得很有道理，但是给顾客的感觉依然是为了推销自己的产品，触动不了顾客，甚至还会让顾客产生误解，认定他只是为了个人利益在"演戏"，产生不信任感。一旦对方不信任你了，你说得再天花乱坠也是徒劳。

不要总是以自我为中心，要时刻考虑别人的感受，在与别人商议或讨论问题时，要将"我"以"我们"的方式表达出来。不可避免地要讲到"我"时，要做到语气平淡，既不把"我"说成重音，也不把语音拖长。同时，目光不要逼人，表情不要眉飞色舞，神态不要得意洋洋，态度一定要自然平和。

美国前总统林肯曾说过："如果你想劝说一个人信从你的立场，首先要让他相信你是他忠实的朋友。"用"我们"一词代替"我"，换一种方式说话吧！让听者认为你和他们的利益一致，使听者感觉你们处于相同的立场，进而信任你、支持你，真心倾向于你，这就是"我们"的神奇力量！

「第3章」
对世界温柔以待

作为一个都市人，人际交往是必不可少的。然而，在交往过程中，不可避免会出现一些矛盾、冲突、利益等问题。此时最好的解决方法是以忍灭嗔，温和宽容地对待一切，于是所有的愤怒、怨恨、痛苦等都将化解，愉悦之感就会从心底油然而生，心境如阳光般灿烂明媚。

◎ 我是医生，我要笑着面对

我们几乎都受过别人的攻击，比如，有人评价你的外貌，"拿把尺子量一下吧，离模特儿身材还差好几寸呢！""你也不照照镜子，那副长相居然还有勇气活着？"又比如人们对你能力的诽谤，"以他的能力，打死我也不相信他能胜任这份工作？""怎么升得那么快？他是走后门了吧？"

面对以上诸如此类的攻击，我们的心理平衡被打破，不免会急躁，大动肝火，有时甚至会和别人争得面红耳赤，以眼还眼、以牙还牙，结果呢？争辩只能是越抹越黑，让别人的看法左右自己；斗，大多是两败俱伤，彼此感情恶化，自己也不会有好心情，又何必呢？

美国佛罗里达州有一位年轻人本来各方面都很优秀，就是个性太好强、性格太固执。有一天，一个朋友说他没有能力，没有志气，只能靠父母养活，是一个"寄生虫"。这明显是一种攻击行为，年轻人一听极为愤怒，动手打了朋友，结果因故意伤人罪进了监狱。

因此，在面对别人的有意攻击时，我们与其情绪激动地反唇相讥，与人争斗，不如温和一点，宽容一点，坦然自若地去面对。这样既能维护好内心的平衡，又能和风细雨地化解矛盾，进而赢得别人的赞叹，何乐不为。

从前，有一个叫吴智的人很瞧不起僧人。一次，他在大街上恰好碰到了一位老和尚，于是用尽各种方法讥讽、嘲笑老和尚，但是老和尚好像没听见似的，只是微微一笑，也不多言。

旁人都有些看不过去了，纷纷替老和尚抱不平，并不解地问老和尚为什么对于吴智的侮辱无动于衷，始终心平气和。老和尚轻轻一笑，回答道："他是病人，我是医生，我要笑着面对。我可以深深感受到，他为什么情绪如此激烈……因为他所感受到的痛苦必然比我所感受到的他的愤怒要有百倍之多。"

老和尚顿了顿，对吴智说："你能够再多说一些吗？"

吴智一下子面红耳赤，灰溜溜地走了。

"他是病人，我是医生，我要笑着面对。"看到了吧，这就是老和尚的自解之道，这是一种精神胜利法。虽然我们不提倡将对方当作病人看待，但是一个心胸过于狭窄、性情过于偏激的人必是精神上出了问题的人。"清者自清""身正不怕影子斜"，只要我们端正自己的心态，温和宽容地对待攻击者，那么，不管别人怎么攻击，都影响不了我们的情绪，更左右不了我们的生活。

调整好心态后，你会发现，这时的你已经能够正确看待对方是个"病人"的事实了。当他继续中伤你，你就微笑，微笑……文学大师拜伦说："爱我的我报以叹息，恨我的我置之一笑。"他的这一"笑"，真是洒脱极了，有味极了。笑容通常被人们认为是不败的象征，在他人嘲讽、恶意中伤你时，笑容是唯一可以化解隔阂，使你立于不败之地的有力武器。

退一步说，有的人攻击你，很大程度上是因为你比他优秀，能力比他强。他之所以攻击你，是因为心理不平衡，"吃不到葡萄说葡萄酸"。因此，嫣然一笑，视若不见，充耳不闻，使这种攻击行为伤不到你，拖不垮你，拉不倒你，挡不住你，做自己应该做的事情，让他望尘莫及，只能欣赏你。

由于工作出色，何姿入职公司不到三年就得到了领导提拔，她从一个普通会计晋升为财务小组长。遇到这样的好事，何姿心里自然是美滋滋的，上下班路上都哼着小曲，但是很快这种好心情就被打破了。

有一个同事心理不平衡，觉得自己是老员工，凭什么这么好的机会让资历尚浅的何姿"捡"了。于是，他对何姿的态度尖刻了起来，说话很不客气，有时还带着"刺"："有些人爬得真快，也不想想是谁在给她垫着背""人家年轻人长得好看，悄悄抛一个媚眼，自然就能得到老板的宠爱"……

听到这些，何姿自然明白对方所指，很是气愤，但是理智控制了情感。办公室就几个人，她也不想把关系搞僵，毕竟还要来往，而且自己也要发展和进步。于是，每当同事再对自己冷嘲热讽时，何姿都是嫣然一笑，继续埋头工作。

就这样，何姿顶着被否定的心理压力，不断地提高自己、完善自己，工作成绩越来越好，一次次得到了领导的表扬。时间久了，这位同事也觉得何姿的工作能力的确比自己强，也便不好意思再说什么了。

把心放宽一点，学着不计较吧！清者自清，以忍灭嗔，用实力证明自己，也显得自己非常有涵养。而且，用温和宽容的态度来"迎战"对方强硬的攻击时，你会发现，别人任何的无理攻击与诽谤会在你的柔声细语之中无用武之地，如此也就能和风细雨地化解矛盾，换来心平气和的人生境界。

总之，别人的攻击实际上就是一个圈套。在面对的时候，学着宽容一点，包容一点，将对方看成一个"病人"，秉持"他是病人，我是医生，我要笑着面对"的观念，不因他人的无理取闹、荒唐攻击而乱方寸，也不为此大动干戈，努力做好自己的事情，我们就能赢得安心之道，活出真我风采。

◎ 不要让心"坐牢"

古希腊神话里有这样一则名为"仇恨袋"的故事。

海格立斯是一位非常勇猛的大神，他从来都是所向披靡，无人能敌。有一天，他行走在一条狭窄的山路上，突然一个趔趄险些摔倒。定睛一看，原来脚下躺着一只袋囊。他猛踢一脚，那只袋囊非但纹丝不动，反而气鼓鼓地膨胀起来。

海格立斯恼怒了，挥起拳头又朝那个袋囊狠狠一击，但它依旧一动不动，还迅速地膨胀着。海格立斯暴跳如雷，拾起一根木棒朝它砸个不停，但袋囊却膨胀得越来越大，最后将整个山道都堵得严严实实。

海格立斯累得气喘吁吁，气急败坏地躺在地上。这时，宙斯出现了。他淡然一笑，说："这个袋囊叫作'仇恨袋'。如果当初你不睬它，或者干脆绕开它，它就不会跟你过不去，也不至于把你的路给堵死了。"

纷繁复杂的生活里，我们时常会遇到"仇恨袋"，大至人生挫折，小至人际纠纷。普通人往往会像海格立斯那样，一心想着对付"仇恨袋"，结果冤冤相报抚平不了心中的伤痕，只能将你与伤害你的人捆绑在无休止的报复战车上，让仇恨充斥内心，徒增痛苦，身心俱疲。

这里有一个例子。

美国著名的建筑大王凯迪和飞机大王克拉奇曾经感情很好，凯迪有一个漂亮的女儿，而克拉奇有一个年轻有为的儿子。于是，两人不顾子女的强烈反对，撮合他们成了婚。遗憾的是，这两个年轻人的感情不好，经常吵架。后来，凯迪的女儿竟然不幸惨遭杀害，而据警方详细调查后，搜集来的证据都指向克拉奇的儿子。经过审判，法院作出判决，卡拉奇的儿子谋杀罪名成立，被判终身监禁。

令凯迪一家恼火的是，克拉奇的儿子从来不承认自己是杀害凯迪的女儿的凶手，而克拉奇也极力为儿子上诉四处奔波，又想方设法地不惜重金为凯迪一家做经济补偿，希望凯迪能为儿子说情。而凯迪一想到自己惨死的女儿，就心痛难忍，痛斥克拉奇的儿子是罪有应得，埋怨自己当初看错了人，这令克拉奇很是恼火。自此，凯迪和克拉奇从"秦晋之好"变为了敌人，仇恨无情地笼罩着这两个名门望族，他们的内心得不到片刻的安宁，再也没有真正地快乐过。他们明争暗斗，结果两败俱伤，都损失惨重。

就这样过了一年又一年，在痛苦折磨了他们20年之后，事情终于真相大白，凯迪女儿的死的确和卡拉奇的儿子无关。这件事在美国掀起了轩然大波。面对记者的采访，凯迪与克拉奇不约而同都说了同样的话："20多年来，我们所遭受的心灵上的折磨是用任何金钱也支付不起的！"

仇恨面前谁都不肯让步，两个本来很要好的朋友厮杀了20余年，不知他们有多少黑发变白发，也不知道仇恨夺走了他们多少快乐，人的一生又有几个20年呢？！试想，这样的人内心被仇恨所蒙蔽，怎么可能安心呢？仇恨严重地摧残了心灵，的确是用任何钱财都支付不起的。

既然如此，我们何必固执地抱着仇恨，让仇恨折磨自己也折磨他人呢？不妨敞开胸怀，学着宽容一点，包容一点，心平气和地容纳世间的是非对错，温和包容人世间一切的喜怒哀乐吧。宽恕是一种对人对事包容、接纳的气度和胸怀，也是对仇恨最好的回应。英国哲学家培根曾说："报复的目的无非只是为了同冒犯你的人扯平。然而，有度量地原谅别人的冒犯，就使你比冒犯者高明。"

恰在这一点上，南非前总统曼德拉的经历特别值得人们学习。

南非前总统曼德拉是南非的民族英雄，在被白人政府关押了27年之后出狱。1994年5月9日，曼德拉正式被国会选为总统。在宣誓就任总统的典礼上，他邀请了曾经看守他的3名狱警作为客人来参加典礼，并亲自向他们致敬！

此时，整个现场乃至世界都安静无声。毫无疑问，曼德拉的这一举动把人们惊呆了！因为谁都知道，这3名狱警在狱中不仅没有友好地对待他、照顾他，还曾经想方设法地虐待他。难道他不记得了吗？

在大家迷惑不解的目光中，这个饱经沧桑的老人发出了这样的感慨："当我走出囚室，迈过通往自由的监狱大门时，我已经清楚，如果自己不能把怨恨留在身后，那么我其实仍在狱中。"

曼德拉这一句深深的感慨，值得深思。换句话说，如果我们不能忘掉过去的仇恨，将其当宝贝一样抱着，那么无异于终生住在无形的"心的牢狱"里，生命永远得不到解脱。曼德拉不仅没有仇恨虐待自己的狱警,更以不计前嫌的态度对待他们,他宽广的胸怀有如光风霁月,令人敬佩。

放下仇恨,原谅他人,让自己多一份轻松,对方也会多一份感动和感激,正可谓"心不是靠武力征服,而是靠爱和宽容大度征服"。更何况,如果一个人连仇恨都可以放下,那么,他还有什么不能放下的呢?生活中没有任何烦恼能够囚困其心,如此也就能轻松获得从容与安然。

不让自己的心"坐牢",比什么都重要。

◎ 蓝甲蟹的千年演变

《动物世界》里讲过这样一个故事。

海滩上有两种蓝甲蟹,一种脾气冲动,争强好胜,总是会和身边的蓝甲蟹发生冲突;另一种则极能忍耐,不管遇到什么样的挑衅,它都像死了一样,躺在沙滩上,任凭对方上蹿下跳,自己却一动不动。经过千百年的演变,人们发现,那种凶猛的蓝甲蟹在不断地冲突厮杀中,数量越来越少,几近灭绝;那些总是躲起来,不和他人正面冲突的蓝甲蟹不但没有遭遇灭顶之灾,而且繁殖得越来越旺盛。

蓝甲蟹千年演变的故事告诉了我们一个道理:为人处世,常常需要忍耐。如果我们像那种凶猛的蓝甲蟹一样一时冲动,意气用事,非要和别人厮杀一番,结局很可能是两败俱伤。而适当地忍让一下,控制自己的所作所为,可能是解决问题的最好方法,生活也将少些不必要的怨悔。

忍让,在我们的生活中可以说非常必要。这话听起来似乎有点玄

释怀：
如何获得内心的平静

妙，说穿了不外乎就是要学会"忍"、学会"让"、学会示弱，随时随地让生命保持最佳弹性。大文学家维吉尔就曾告诫我们："无论遇到什么事，命运终将被忍耐战胜。无论发生什么事情，我们都应该首先考虑退步忍让。"

"忍一时风平浪静，退一步海阔天空。"非畏也，非惧也，是大智慧也，乃真英雄也！世间嘈杂扰攘中，有太多的是是非非，胸怀宽广一点，温和宽容一点，适当作出退让，那么很多事情都可以化繁为简，从简从初。不是有一句话说："小气者斤斤计较，患得患失。大气者大开大合，坦坦荡荡。"

西汉名将韩信武功盖世，称雄一时，家喻户晓。但当他还是贫困潦倒的平民百姓时，曾有个地痞侮辱他说："你敢杀人吗？你若敢杀人，那你就先杀我；要是不敢的话，就从我裤裆下钻过去。"面对这等奇耻大辱，韩信很想与地痞一决高下，但他深知"包羞忍耻是男儿"的道理，便克制住了自己的冲动，弯腰趴地，硬是从地痞的裤裆下钻了过去。围观的人都讥笑韩信懦弱。

在常人看来，"胯下之辱"绝对让人不堪忍受，简直是奇耻大辱，然而，韩信爬过去了！其实，这正是韩信能屈能伸的精神所在。试想，如果韩信当时一气之下宁折不弯地杀死那个地痞，情况会怎样呢？他免不了要吃官司，做一个寂寂无闻的枉死鬼，或者只能亡命天涯，颠沛流离，就会是另外一种命运。那么，历史上就不会出现一个叱咤风云的大将军，历史也许就会被重写。

那些有影响力、令人佩服和敬仰的人，从来不会与人争论得面红耳赤，即便对方恶言恶语，他们也不会以牙还牙，而是控制自己的情绪和心态，心平气和。换句话说，当他们这样做的时候，往往能够使"对手"甘拜下风，同时，懂得隐忍不发也会为他们迎来更大的成功。

美国前陆军部长斯坦顿是一个非常爱面子的人。一天，斯坦顿接到一位少将的电话后，他的脸色变得很难看，狠狠地摔门而去，来到总统林肯的办公室，气呼呼地说："一个少将，居然对我说话如此不客气，哼，他说我有私心，偏袒个别人。"

林肯听完斯坦顿的抱怨，也愤愤不平地说："你与其这样生气，为什么不写一封信，用最尖酸、最刻薄的话去骂那个可恶的家伙，然后与他断交呢？"说完，便将笔递给斯坦顿。斯坦顿伏在茶几上当即写信把那个人痛快淋漓地骂了一顿。不一会儿，他将写好的书信拿给林肯过目。

林肯看完之后，说："斯坦顿，你写得太绝了。就是这样，就应该这样好好地教训他一顿。但是，我想知道，你真的打算把这封信寄给他吗？我认为，你可千万不能寄啊，你看到炉子没，你还是将这封信烧掉吧。"

斯坦顿疑惑不解，不明白总统的意思。林肯认真地说："你在写这封信的时候，我们的愤怒已经得到了宣泄，不是吗？如果你把这封信寄出去的话，不仅无济于事，反而会进一步加深你们之间的矛盾。照我看来，你是他的领导，要懂得忍让一点才对。说实话，我写过很多这样的信，可是从来没有寄出去过。"

此时，斯坦顿的满腔怒火已从信中发泄出去，听了林肯的忠告后，更是感慨万千，心情也舒畅了很多，于是接着又写了一封检讨自己的信。后来，那名少将收到斯坦顿的信，专门拜访了斯坦顿，对自己当初的行为表示了歉意，并答应不会再有下次了。

林肯的忠告，被公认是消除怒气与烦闷的良方，被后人传为美谈。

释怀：
如何获得内心的平静

从劝说斯坦顿部长忍住自己的一腔怒气，切勿以牙还牙，从而轻松化解了矛盾这件事中，我们不得不承认，宽大仁爱是林肯的最大魅力。也正因如此，林肯上任以后，深受美国民众的爱戴和拥护，连续两度被选为总统。

小草面对暴虐的狂风，它选择了退让，于是风暴过后，小草又开始茁壮成长；河水面对险峻的高山，它选择了退让，于是河水在蜿蜒的山谷中奏响了叮咚的乐曲；太阳面对夜幕，它选择了退让，于是轻柔的月光洒满了大地。

人生在世，每个人都有自己的秉性和棱角，适时地作出让步，以柔克刚，或者选择避让，人生便会少一份纷扰，多一份安然；少一份忧愁，多一份快乐；少一份愚蠢，多一份智慧。

◎ 抖落身上的"泥沙"

这里有一个经典的小故事。

一天，农夫的一头驴掉进一口枯井里，农夫绞尽脑汁想救出驴，但折腾了大半天都无济于事。最后，这位农夫决定放弃。他想这头驴年纪大了，不值得大费周折地把它救出来，但无论如何，这口井还是得填起来。于是，农夫请来左邻右舍帮忙一起将井中的驴埋了，以减少它的痛苦。

农夫的邻居们人手一把铲子，开始将泥土铲进枯井中……当这头驴了解到自己的处境时，就在井里恐慌、痛苦地哀号着。不一会儿，它居然安静下来。几锹土过后，农夫终于忍不住朝井下看，眼前的情景让他惊呆了——泥土不停地倾泻到井中，驴子将泥土抖落在一旁，然后站到了铲进的泥土堆上面。

农夫高兴极了,加快了往井里填土的速度。就这样,没过多久,驴子竟把自己升到了井口。它用力地抖了抖身上的泥土,纵身跳离了原本绝命的枯井,然后在众人惊异的目光中得意地跑开了!

本来看似要活埋驴子的举动,由于驴子面对困境的态度积极,不断抖落身上的"泥沙",困境最后居然帮助了它。将驴子的哲学套用在人的身上虽然有些牵强,但我们也不难体会到人生没有一帆风顺,逆境时我们该如何选择显得尤为重要。

在竞争日趋激烈的社会,有时候我们难免会陷入"枯井"里。各式各样的困境像是不停掉落的泥沙,叫人无法躲闪,有时候一连串地压在我们身上。换个角度看,它们也是一块块的垫脚石,只要我们锲而不舍地将它们抖落掉,然后站上去,那么,即使掉到最深的枯井,我们也能安然脱困。

你改变不了环境,但可以改变自己;你改变不了事实,但可以改变态度;你不能控制他人,但可以把握自己;你不能样样顺心,但可以事事尽力;你不能左右天气,但可以改变心情;你不能选择容貌,但可以展现笑容。面对逆境,假如我们能够以忍灭嗔,温和宽容地对待,那么很可能就会从逆境中奋起。

从古至今,有不少的逆境能够让本是失败的人成为强者。越王勾践在国破家亡之后,屈身夫差,卧薪尝胆,用艰苦的生活来磨炼自己的意志,结果十年后一举灭吴,报了国仇家恨;司马迁由于李陵一案身受宫刑,蒙受大辱,但他终于挺过磨难,发愤写完了辉煌巨著——《史记》;再如美籍华人张士柏经历了从游泳健将到高位截瘫的巨大变故后,他并未因此一蹶不振,反而将它化为动力,勤奋学习,完成了许多健

> 释怀：
> 如何获得内心的平静

康人都做不到的事情；还有张海迪、李政道……

抖落身上的"泥沙"，继续奋勇前进。对此，史蒂夫·乔布斯深有体会。

乔布斯是美国苹果公司的创始人。日本软银公司 CEO 孙正义曾这样给予他高度评价："乔布斯是改变世界的天才，几百年之后，他将与达·芬奇受到同样的尊敬。"但鲜为人知的是，乔布斯曾经历了几次重大的挫折，幸运的是，他没有气馁当逃兵，而是勇敢地站了起来，继续奋勇前进。

1983 年，受金融风暴的影响，乔布斯在公司重大决策上犯了错，被公司董事会"赶出来"，一切权力被解除。"就像被人狠狠地在肚子上打了一拳，然后一下子飞出老远。"乔布斯曾这样回忆说。没有功劳也有苦劳啊，乔布斯没有指责公司的忘恩负义，也没有固执地再去帝国大厦请求众人的原谅，而是一个人躲在天桥下就着自来水啃冷硬的面包，同时思考着如何让苹果公司起死回生。

乔布斯迅速地调整心态，很快就创建了 NeXT 公司，准备复制苹果电脑的成功。他对此寄予厚望，不放过任何细节，甚至提出隐藏在电脑里面的电路板都必须有一个惊人的设计。经过一年多的研制，NeXT 电脑终于问世，定价高达 6500 美元。虽然喝彩的人很多，但购买的人很少，乔布斯狠狠地赔了一笔钱，无疑也遭遇了市场冷遇。

经过整整一年的思考和观察，乔布斯想出了一个新点子，那就是打造和推广"个人电脑"品牌。他天天到原来的苹果公司，不断地向公司主管说明自己的意见，最终对方采纳了他的意见，并重新聘任他为公司首席执行官。重归苹果公司后，乔布斯引领的 iPhone 发展方向终于赢得了市场的共鸣。没过多久，乔布斯成为美国新经济时代的第一个亿万富翁，也是最年轻的亿万富翁。

乔布斯的经历告诉我们，豁达宽容地面对困境，反而使人更加坚强和优秀，这正如他自己所说的："不要为逆境所打败，在逆境里只有一个选择，那就是往上爬，别再往下坠。学会享受逆境吧，因为人的本领往往是从艰难中锻炼出来的，困难往往不如你所想象的那样不能克服。"

"逆境见人心"，这是很好的一个概括。这个人心，不仅是外界别人的"心"，更包括自己的"心"。一个人在逆境下，消极、委屈、放弃、逃避是很正常的。当自己处于逆境时，朋友对自己失望、怀疑，认为你大势已去，冷眼相待，甚至落井下石，都是最正常不过的。虽然这让人心寒，但其实我们没有必要记恨他们、责备他们，相反，他们这种"恶劣"的态度，也是构成逆境独特力量的重要部分。

有一个年轻人一心想成为一名作家，但是他一直得不到领导的欣赏，还屡次遭到同事的排挤，事业一直处于低落期。为了改变自己的命运，他将自己所有的业余时间投入写作。他那深刻的思想、富有哲理的思辨，令他的作品充满深度，并意外获得了成功。后来，这位作家感慨道："如果当初我没有经历那种逆境，可能一辈子都只是一个小职员，是逆境锻造了我，让我的人生得到了升华。"

弗朗西斯·培根曾经说过这样一句话："正如挫折的恶劣可以让人忘记幸运的存在一样，最美好的财富也会在厄运中逐渐显露它的价值。"所以说，假如我们能学会换一个角度看待挫折与成功，它其实就和延期兑付的财富一样，会在适当的时间，以适当的方式，一分不少地兑付给我们。

既然这样，我们何不敞开自己，坦然面对逆境呢？

◎ 春去春又来，花谢花又开

在纷纷扰扰的世界里，面对纷繁复杂的生活，我们会遇到太多的是非恩怨，一时间也理不出头绪。凡夫俗子纠缠其中不能自拔，非要弄个明明白白、清清楚楚，所以生活就有了烦恼、痛苦，甚至颓废堕落，寻死觅活。

事实上，我们最需要的是持有一种温和宽容的态度，因为世界上没有什么是永恒的，也没有什么是不可改变的。时间是岁月的手，翻云覆雨间改变着生活！很多看来一成不变的事情会随着时间的推移出现前所未有的变化，很多先前久久不能释怀的情感会在慢慢地沉淀中找到注解。

所以，凡事千万不要偏激和想不开，不妨把一切交给时间。时间永不停滞，人世间所有的痛，包括生离死别，有一天都会被时间静静风干。春来冰消雪会化，请相信时间。真的，人生没有过不去的坎。

伊莉原本是一个幸福的女人，可是有一段时间倒霉的事情接踵而至。她的丈夫因病去世了，不久她的儿子也坠机身亡了。一连串的打击让她的心都碎了，她不知道今后的路自己能否坚持走下去，整日郁郁寡欢。后来，她因过度思念丈夫和儿子，由思念而生悲痛，结果病倒了。

了解到伊莉的病情和生活情况后，主治医生对伊莉说："你的病情太严重了，需要长期住院治疗。但是你又没钱……我看这样吧，从现在开始，你可以在本院做零工，每天打扫病人的房间，以赚取你的医疗费用。"也没有比这更好的活法了，而且就目前来说，伊莉似乎别无选择。于是，她开始手握扫帚，每天不停地忙碌着，将医院的每个角落打扫得干干净净。

时光如飞梭,渐渐地,伊莉发现自己不再那么思念丈夫和儿子了,内心也逐渐恢复了平静。寂寞、担忧被驱除了,伊莉的身体也就好了起来。三年的时间里,由于经常接触病人,伊莉对病人的心理已经了如指掌,后被院方聘任为陪护。再后来,她还成为该医院的心理咨询师,她觉得自己新的人生就要开始了。

看到了吧,时间是医治一切创伤的"良药"。很多时候,我们以为当下迈不过去的坎,一段时间之后再回过头看,其实早就轻松跳过;我们以为当下撑不过去的时刻,其实忍着、熬着也就自然而然地过去了。

春去春又来,花谢花又开。时间,让深的东西越来越深,让浅的东西越来越浅。时间最大的魔力就在于让人在面对一切已知的和未知的困难面前都毫不担心,莫名地相信它会给一切事情一个最美好的答案。如此的态度往往能够解决很多问题,这就是将一切交给时间解决的理由。

有一位大公司的经理,常常收到代理商的投诉信。这些投诉通常无法解决又不宜拒绝。他的应付方法是,把信塞进一个写着"待办"字样的文件柜。他说:"应该立刻予以答复,但我明白,如果答复就等于和他争辩,争辩的结果不外乎对人说'你错了',这样不如索性暂时不处理。"事情的最后结果如何?他笑着回答说:"我每隔一段时间把这些'待办'的信拿出来看看,又放回文件柜去,其中大部分信件在我第二次拿来看时,里面所谈的问题都已成为过去或已无须答复。"

把一切交给时间,这不是消极,而是一种历练后的人生智慧。

总之,如果你要做一件事,而这件事的名字叫作忘记,那么,时间就是最好的助力；当你不得不忘记，却又无能为力时，时间就是最好的助力；当你做不了决定，左右为难，徘徊徜徉时，时间就是最好的解药。总有一天，一切都会有答案；如果你正逢生命难关，别泄气，时间会帮你抚平伤痛。

时间是医治一切创伤的"良药"，请耐心地等待。春去春又来，花谢花又开，时间会带给你所要的安宁。把一切交给时间吧，且闲庭信步，看花开花落。

◎ 假如生活欺骗了你

为什么自己出生在偏远地区，而不是城市里？为什么自己大学毕业的时候偏偏赶上国家不再分配工作？为什么自己拼命工作，而老板却把晋升的职位给了一个亲戚？为什么自己成家立业的时候，房价较几年前翻了数倍？……

每一个人都期盼着公平，但是绝对的公平是不存在的。遭遇生活的不公平时，很多人无法适应，怨天尤人，整天活在忧郁中。这或许能解一时之气，但我们也就等于被生活击垮了，更别提获得安然的生活了。

试想，如果你大学毕业后被分在基层工作，你一边愤愤不平，一边敷衍工作，那么，你会有升职的机会吗？恐怕不能，因为老板会认为你连最简单的事情都做不好，根本不会有责任和能力去做更高级的工作。

上天眷顾的只是少数人，而我们是那大多数人中的一部分。既然这样，我们何必对那些不公平的人或事耿耿于怀呢？正确的方法是温

第二辑 做觉悟的人
——当心柔软了,你就能包容下世界

和宽容、平心静气,以忍灭嗔,不被不公平所牵绊,思考如何更好地适应生活的不公再创造公平。正如比尔·盖茨所说:"生活是不公平的,你要去适应它。"

蔡琰来自某山区的一个贫穷农村。专科毕业后为了谋生,他来到一家大型企业做保安。最初,他感到很沮丧,因为在很多人心中,保安是和"素质低下""没有文化"这些词紧密联系的。曾有同学想给他介绍对象,女方"啊"地叫了一声,"什么?一个保安?"他在要求外来人员出示证件时,也会碰钉子:"哎呀,你不就是个保安吗,还查什么证件呀!"

这些经历让蔡琰感觉自己不被尊重。他一度眼红,很不服气:"命运为什么这么不公平?凭什么那些白领们在干净优雅的办公室里办公,而我却要在风里雨里站岗?"不过,他很快调整了心态,决定努力缩小与这些人的差距,他利用所有的闲暇时间充实自己。他利用休息时间攻读英语、经济管理、社会心理等课程。因为都是从头学起,蔡琰学得很拼命,就算是坐火车回老家,他也拿着书在看。有时,看到周围的队友在看电视、打篮球,他心里也痒痒的,但一想起别人说的"你不就是个保安吗",他就会咬牙学下去。

就这样,蔡琰"潜伏"了近三年,终于通过成人高考考上了一所师范学院的经管系。他一边工作一边学习,经过几年的认真学习和实践锻炼,他的个人能力得到了很大提高,并以全班第一的优秀成绩毕业。一毕业,他就被一家大型企业录用了,月薪比保安工资翻了好几倍。他已经是一名真正的白领了。

出身贫困,没有学历、没有关系,蔡琰面临了太多的不公平,但是他凭着勤奋与坚持,取得了令人瞩目的成功。这个事例告诉我们一

释怀：
如何获得内心的平静

个道理：不要在公与不公上过多计较，放弃抱怨和愤怒，接受不公平的现实，及时做一些更有价值的事情，把力用在发展能量、提高自己上面，那么，生活早晚有一天会给我们公平的回报。

面对生活的不公平，每个人因自己的修养、意志、胸怀、境界的不同，会有不同的态度，做出不同的反应。正是这种不同，造就了一个人和另一个人，一些人和另一些人的不同人生。换句话讲，一个人未来的生活和成长，主要取决的不是他如何面对公平，而是他在不公平环境中有怎样的表现。

有这样一种人——他们早已知道，生活中没有绝对的公平。当不公平出现的时候，他们不会愤怒，不会抱怨，也不会惊慌失措，而是把它当作人生必修课去应对，当作必做题去演算。无论生活是公平的还是不公平的，他们都能够温和宽容地对待，以忍灭嗔，坚持自己给自己公平。

在这方面，文艺复兴时期，英国最杰出的戏剧家和诗人莎士比亚是一个经典的楷模！

莎士比亚在很小的时候就有机会接触剧团演出。他好奇一个小小的舞台竟能演出一幕幕变幻无穷的戏剧来，便暗下决心：要终身从事戏剧事业，当一个戏剧家。但是，当时英国的戏剧工作是一个高级的职业，活跃着一批受过高等教育，而且在戏剧方面颇有成绩的"大学佳人"、职业剧作家。他们垄断了剧坛，根本不许普通人介入。

为了更加接近戏剧事业，莎士比亚主动到戏院做马夫，专门在戏院门口等候并伺候看戏的绅士。待表演开始后，他就从门缝或门洞里窥看戏台上的演出，边看边细心琢磨剧情和角色。回到家后，他时常模仿台上人物角色和戏剧情节，有声有色地表演。他还认真地翻看文学、历史等方面的书籍，自修希腊文和拉丁文，掌握了许多戏剧知识。

终于，莎士比亚等到了一个上台表演的机会。有一次，剧团需要临时演员，莎士比亚"近水楼台先得月"。由于超强的理解力和精湛的演技，他的表演得到了大家的肯定，不久就被剧团吸收为正式演员。之后，莎士比亚大量阅读各种书籍，了解各国的历史和人民不幸的命运。27岁那年，他写了历史剧《亨利六世》三部曲，正式进入了伦敦戏剧界。1595年，他又写了《罗密欧与朱丽叶》，剧本上演后，莎士比亚名震伦敦，成为英国戏剧界大师级人物。

面对周围不尽如人意的环境，莎士比亚并没有整天抱怨人生的不公平，而是从戏剧界底层的马夫做起，努力学习戏剧知识，最终将现实中令人不满意的成分降到了最低，成为一名闻名世界的戏剧家。

唯有适应当下的环境，才有机会去改变自己的处境。

普希金有一首短诗《假如生活欺骗了你》："假如生活欺骗了你，不要悲伤，不要心急！忧郁的日子里需要镇静；相信吧，快乐的日子将会来临。"不要奢望自己成为上帝的宠儿，假如生活欺骗了你，给了你诸多不公平的待遇，那么，请接受普希金的忠告吧，"不顺心时，暂且忍耐"。

◎ 在心田，盛放一朵紫罗兰

路旁，一朵小小的紫罗兰开花了。

有人从路上跑过去时，脚踩了紫罗兰。

"你疼吗？"树上的小鸟问。

"虽然很疼，也要忍耐一下，人们不是故意踩我的呀！"紫罗兰这

释怀：
如何获得内心的平静

样说着，静静地挺直了身躯，然后把身子一晃，好闻的香气浓郁地弥漫开来。

当一只脚踩到了一朵盛开的紫罗兰时，紫罗兰非但不会埋怨，还将一缕幽香留在那只伤害了它的脚上，将芳香洒满人间。踏花的人无情，紫罗兰却有情，以德报怨。这是一种什么品质？这种品质就叫宽容。

因为成长的环境不同，以及后天因素的影响，每个人都有不同程度的弱点与缺点，在人际交往中难免产生摩擦、矛盾等。此时，我们应该学会忍耐，学会宽容。这既是对别人的释怀，也是对自己的善待。

春秋时期，楚国内乱平息后，楚庄王以香酒佳肴宴请文臣武将，并让后宫妃嫔出来敬酒，给大家助兴，最宠幸的许姬也在其中。酒到半酣刮起大风，吹灭了所有烛火，大厅里一片漆黑。黑暗中，不知是谁仗着酒兴想轻薄许姬。在拉扯的过程中，许姬扯下了那个人官帽上的缨带，跟楚庄王说："大王，刚才有人趁乱想非礼臣妾，不过我拔下了那个人的帽缨，待重新点亮蜡烛就能查出此人。"

许姬原以为楚庄王会为自己做主，没想到，楚庄王却对大家说："寡人今日设宴，大家都要开怀畅饮，不醉不归。为了让大家不要顾念君臣之礼，请诸位把帽缨摘掉，尽情地畅饮。"待到烛光重新点燃，朝堂上坐着的全是没有帽缨的人。许姬环视了一下，看不出来谁是刚刚调戏自己的那个人，便拂袖离去了。

三年后，晋国侵犯楚国。两国开战，楚庄王亲自带兵与敌人交战。楚庄王发现，在自己的军中有一员猛将，不仅在战场上奋勇杀敌，还带动了其他将士的作战情绪，使得自己的军队能够一次又一次地获胜。有一次，楚庄王深入险境，险遭杀身之祸，幸亏这位将士拼死护驾，才让他成功脱离险境。

第二辑　做觉悟的人
——当心柔软了，你就能包容下世界

凯旋的时候，楚庄王要对那位将士进行封赏。他问那位将士想要什么，可那位将士什么都不要，而是立刻跪倒在地说："大王已经赏赐过了，上次在黑暗中，酒后失德调戏许姬的正是末将。大王以宽广的胸怀饶恕了我，不但没有治我的罪，反而想尽办法，保我周全，我只有奋勇杀敌才能报答大王。"

在这件事情中，将士调戏君王的爱妾无疑是对君王的侮辱，但楚庄王并没有生气，反而以宽容忍让的胸怀掩护了此人，结果换来了这位将士的奋勇杀敌、忠心耿耿。设想，如果楚庄王当初将那位将士斩首示众，又怎么会赢得其以死相报呢？也许楚庄王就会死在战场上，更别提做出一番霸业了。

学着对别人宽容一点吧，以博大的胸怀去宽容别人。宽容是一种无声的教育，正像紫罗兰一样默默给人留下启示，当它把香味留在你脚下的那一刹那，又同时给人留下了崇高与豁达的印象，你不仅会因此而获得化干戈为玉帛的魔力，还能够从容不迫地游走人际，安然享受生活的乐趣。

雨果曾说："宽容就像清凉的甘露，浇灌了干枯的心灵；宽容就像暖和的壁炉，温热了冰凉麻痹的心；宽容就像不熄的火炬，点燃了冰山下将要熄灭的火种；宽容就像一支魔笛，把沉睡在黑暗中的人叫醒。"在这个世界上，没有什么能跳出宽容的胸怀，没有什么能抗衡爱的力量。

世界上最宽阔的是海洋，比海洋更宽阔的是天空，比天空更宽阔的是人的胸怀。把自己的心胸打开，用温和宽容的气度去容纳他人……你，看到了吗？你心中的紫罗兰已经盛开了。它那灿烂的笑容是生命旋律上的一丝颤音，是出水芙蓉上的一滴清露，也是岁月书卷中的一页温馨！

第三辑 / 做快乐的人

「 阳光的心态，
　才能拥有阳光的人生 」

「第1章」
活着不是为了生气

只要是人，就一定会生气，但是怒气往往会蒙蔽心智，意气用事，还可能因为不值得的人或事让快乐、幸福，甚至生命毁于一旦。生气有百害而无一利，要之何用？若能静下心来，克制情绪，那么境随心转，便能减去一分痛苦和煎熬，日日如沐春风，时时清凉无忧。

◎ 抖出鞋底的"小沙砾"

餐桌上放满了咖啡壶、咖啡杯和糖，一个人正准备享用一杯香浓的咖啡，心情无比放松。这时，一只苍蝇飞进房间，嗡嗡作响直往糖上飞，这个人顿时好心情全无，烦躁无比，起身追打苍蝇。于是，桌子翻了，杯子碎了，咖啡汁遍地皆是。房间片刻一片狼藉，而苍蝇最后还是悠悠地从窗口飞走了。

在生活中，我们随时会遇到类似的情景，常被一些小事情羁绊，弄得心烦意乱……"很多时候，让我们疲惫的并不是脚下的高山与漫长的旅途，而是自己鞋里的一粒微小的沙砾。"哲人的这一句话一针见血地道出了我们烦恼的根源，指出生活很可能会被一些小事给拖垮。

先来看一个故事。

在美国科罗拉多州长山的山坡上，躺着一棵已有140多年历史的大树残躯。在它漫长的生命里，曾被闪电击中过14次，被狂风暴雨侵

释怀：
如何获得内心的平静

袭过无数次，它都坚持了下来。然而，后来一小队甲虫的攻击使它永远倒在了地上。那些甲虫虽然小，但它们从根部向里咬，持续不断地攻击，渐渐损伤了树的根基。这样一个森林的巨木，岁月不曾使它枯萎，闪电不曾将它击倒，狂风暴雨也不曾动摇过它，却因一小队用大拇指和食指就能捏死的小甲虫，终于倒下了。

我们不就像森林中那棵身经百战的大树吗？我们也经历过生命中无数狂风暴雨和闪电的袭击，也都撑过来了，可却总是因那些用大拇指和食指就能捏死的小甲虫的侵蚀而忧虑。你是否因为在上班的途中遇到堵车，烦躁随之而来？你是否因为不小心被人踩到了脚，心情变得异常糟糕？……

你甘愿被这些小烦恼困扰吗？甘心被鞋底的"沙"拖垮吗？不，你要想办法解决它、摆脱它。因为生活是丰富的，活着不是为了生气，我们每时每刻都有许多事情要做，那么多的美好和快活有待我们去欣赏和感受。

常为小事烦恼，人生苦多乐少。事实上，那些过得快活而安然的人会随时倒出那些烦人的"小沙砾"。他们心胸宽广，心境超脱，不为鸡毛蒜皮之事斤斤计较，如此也就求得了内心的平静，境随心转得安然。内心平静了，也就有更多的精力去放眼世界，以居高临下的姿态去俯瞰红尘中的万事万物。

有些事情我们在当时总也想不通，直到生命的尽头才恍然大悟。换句话说，一个人会烦恼，是因为他有时间烦恼。一个人会为小事烦恼，是因为他还没有大烦恼。若遇到大烦恼，比如遇到生命危险的时候，原先的小烦恼是那么渺小、荒谬，实在没有理由值得为此烦恼。

二战期间，一位名叫罗伯特·摩尔的美国人的经历给了我们深刻

第三辑 做快乐的人
——阳光的心态，才能拥有阳光的人生

的启示。1945 年 3 月，罗伯特和战友在太平洋的潜水艇里执行任务。他们从雷达上发现一支日本舰队朝这边开来，于是就向其中的一艘驱逐舰发射了 3 枚鱼雷，可惜都没有击中，却被对方发现。3 分钟后，天崩地裂，6 枚深水炸弹在潜水艇四周炸开。深水炸弹不断被投下，整整 15 个小时，有 20 多枚深水炸弹在离他们 50 英尺左右的地方炸开。若深水炸弹离潜水艇不足 17 英尺的话，潜水艇就会被炸出一个洞来。

罗伯特吓得不敢呼吸，全身发冷，牙齿打战，这 15 个小时的攻击，感觉上就像有 1500 年。过去的生活一一浮现在他眼前，他曾为工作时间长、薪水少、没机会升迁而发愁；也曾为没钱买房子、买车子、买好衣服而忧虑；还为自己额头上的一块伤疤发愁过。以前这些事看起来都是大事，可是在深水炸弹威胁着自己生命的时候，罗伯特觉得这些事情是多么的荒唐、渺小，他向自己发誓，"如果我还能有机会看见明天的太阳，我永远也不会再为那些小事烦恼了"。

15 个小时之后，日本舰队的炸弹用光，攻击停止了。自此，罗伯特过上了另外一种全新的生活，再也没有为生活小事感到烦恼，不纠缠，不羁绊，变成了一个内心安定与平静的人。这无疑为他的未来生活带来了无穷的快乐。

"如果我还能有机会看见明天的太阳，我永远也不会再为那些小事烦恼了。"这是经过大灾大难后才会悟出的人生箴言！当死亡临近的一刹那，其他任何事情都会变得渺小，也不值得烦恼。毕竟生命是无价的，任何代价都换不来生命，死亡是最大的烦恼。人生在世，时间短暂，何必为小事斤斤计较呢？

而且，从医学的角度看，经常为小事烦恼，对身心健康也是极其有害的。曾经有一首很流行的歌《莫生气》，歌词唱得好："人生像是一场戏，因为有缘才相聚。相遇相知不容易，是否更该去珍惜。为了小事发脾气，回头想来又何必，别人生气我不气，气出病来无人替。我若气坏谁如意，而且伤神又费力。"

总之，难过是一天，快乐也是一天。你的今天要怎么过，完全取决于你自己。随时倒出鞋底烦人的"小沙砾"，对自己说："如果我还能有机会看见明天的太阳，何必为那些小事烦恼。""这只是一件鸡毛蒜皮的小事，根本不值得我发火。"如此做了，你将走出坏情绪的旋涡，心情也会豁然开朗。

◎ 低头的瞬间成全了爱

生活中难免会遇到不开心和不顺心的事，特别是在婚姻生活中，夫妻俩总会因为某些事存在着不同看法和意见，如果双方总是怒气冲冲，以吵架的方式来解决，那生活真就成了一团乱麻，也就没什么幸福和快乐可言了。

有一对夫妻结婚十多年了。他们之间偶尔会争吵，但这一次却吵得很凶，其实也不是什么大事，就是为了洗衣服而发生了争执。因为丈夫洗衣服时忘了搜口袋，结果面巾纸被水泡烂了，将妻子只穿过一次的运动服上沾满了白色的纤维。

妻子立马把运动服拿下来，找丈夫算账。

丈夫满不在乎地说："没事，你重洗一遍就好了。"

"根本洗不掉。"

"那就重新买一件。"

"你是大款吗？为什么洗前不看看？说过多少次了，你为什么不听?你根本就是应付,一点爱心和责任心都没有……"妻子越说越气,从洗衣服说到做饭,从做饭说到买菜,甚至把几年前给女儿洗尿布没洗干净的事也翻了出来。

丈夫一怒之下,把那件衣服夺过来,扔到了地上。见丈夫不仅不安慰自己,还乱发脾气,妻子开始收拾衣物,扬言要离开家。虽然这么说,她的动作却是迟缓的,她希望丈夫能主动求和,但丈夫什么也没说,什么也没做。

妻子失望了,真的离开去了娘家,一住就是一个月。其间,她想给丈夫打电话,但她想:"他是男人,要先打给我!"于是,继续僵持着。悲剧终于发生,丈夫提出了离婚。

事例中,这对夫妻因为洗衣服的事情,导致了双方之间一场不愉快的争吵,又因为谁都不愿意让步,伤感情不说,最后还失去了婚姻,丢掉了幸福。想想真是让人感慨万千,为其不值。

事实上,生活琐事很难评出对错,婚姻里又哪有绝对的对与错?走在一起的两个人,性格、价值观和生活方式上难免会有所差异,在处理某些事上也会存在不同的看法和意见,只要不是原则性问题,何必和自己亲爱的人堵气呢!不妨学会低头。

什么是"低头"呢?就是学着适当地作出妥协和牺牲。争吵不是单纯为了宣泄愤怒情绪,而是使复杂的问题变得明朗化。吵架并不是为了伤害对方,而是为了沟通。因此,我们要尽量本着沟通的目的,克制自己的情绪,心平气和地说出自己的想法,给对方一个思考和回旋的余地。

本着沟通的目的,愤怒而不失理智,你会发现,原来很多在意的问题,在爱的基础上,妥协是成本最小的解决之道,爆发上述冲突的

释怀：
如何获得内心的平静

可能性就会被降到最低，而且相信他一定会愈加地珍惜和爱你。况且，看着自己的爱人每天心情愉悦、满面春风，自己不也感到幸福吗？

曾看到这样一个故事。

一对夫妻历尽磨难才走到一起，结婚仅一个月却开始吵架。原因是男人总是喜欢从牙膏中间挤牙膏，而女人却一定要从牙膏的尾部挤牙膏，两人谁也不肯让步，为此时常争吵，于是他们决定分居。

分居的日子里总是寂寞难耐，他们其实明白彼此依然深爱着对方。只是他们都非常好强，谁也不肯向对方低头，就这样，他们分居了一个月。最终，妻子准备了烛光晚餐，打算向老公妥协，挽救他们的爱情和婚姻。

正当妻子在做老公最喜爱的红烧大蟹时，忽然看到一只蟑螂从她脚下窜过。妻子并没有害怕，但她灵机一动，拿起电话拨通了丈夫的号码："喂！亲爱的，你赶快回来，家里有一只蟑螂，我快被吓死了。"老公只一句"遵命"，便立即赶回了家。

两人吃着烛光晚餐，妻子主动向丈夫道歉，以后她不再管丈夫是怎么挤牙膏的，有时干脆每天早上给他挤好牙膏，而丈夫也自觉地开始从牙膏的尾部挤牙膏。就这样，两人不再争吵了，他们的爱情复活了，婚姻复活了。

看到了吧，只要不违背原则的事，低个头没有什么，低头不见得就是认错，这只是你向对方发出的一个和好的信号，不但不会显示你的懦弱，反而能体现出你的大度。退两步是为了进三步，如此，生活中也就少了几分怒气，多了几分喜气，正可谓低头的瞬间成就了爱。既然如此，我们为什么不能低一次头呢？

一对中年夫妇的婚姻濒临破裂，多年间，他们总是因为生活小事不断地吵架，互不理睬，最后双双认为"过不下去了，坚决要离婚"。在决定离婚这天，俩人相约一起爬山，也算是最后的浪漫之旅。

那天，大雪弥漫，刮着西风，他们拿着帐篷、棉被来到山上，望着飘飘扬扬的大雪。就在这时，一个奇景把他们吸引住了。只见雪松隔段时间就弯下树枝，直到积雪从枝头滑落，然后倏地弹起；等大雪再次落满枝头，又弯下树枝……如此反复，树枝完好无损。可其他的树，因没有这个本领，结果树枝被压断了。

妻子看着这一景观，对丈夫说："东坡肯定也长过杂树，只是不会弯曲才被大雪摧毁了。"顿时，两人颇有感悟：婚姻就是一棵大树，如果不像雪松那样低头，不也只有被压断的结局吗？正如他们眼下的婚姻。两人明白了，紧紧地拥抱在一起。

我们每天为生活奔波，已经活得很累了，不管是男人还是女人都不容易。如果真正爱对方，想要跟对方一起幸福地生活下去，就要尽可能地去承受婚姻的压力。在承受不了的时候，就要改变一下思路，学会向对方低头，像雪松一样弯曲一下，这样就不会被压垮，而会出现"柳暗花明又一村"的无限风光。

记住，夫妻之间不是敌我矛盾，低头才能温暖彼此脆弱的心。

◎ 不钻牛角尖，人也舒坦，心也舒坦

有句话说得好："日出东海落西山，愁也一天，喜也一天；遇事不钻牛角尖，人也舒坦，心也舒坦。"的确如此。什么是钻牛角尖呢？一般情况下，这用于形容遇事思维僵化，办事不知变通，最终山穷水尽、无法自拔。

释怀：
如何获得内心的平静

章鱼是一种海洋生物。成年章鱼体重将近 32 千克，它们的身躯非常柔软，而且没有脊椎。这使得它们可以随意将自己塞进任何一个地方，甚至一个银币大小的洞，以伺机捕捉其他海洋生物。但是，聪明的渔民们有办法制服章鱼。他们将小瓶子用绳子串在一起深入海底，章鱼一看见小瓶子，都争先恐后地往里钻，不论瓶子有多么小、多么窄。结果，这些在海洋里千变万化的章鱼成了瓶子里的囚徒，变成了渔民的猎物，变成了人类餐桌上的美味。

是什么囚禁了章鱼？是瓶子吗？不，能囚禁章鱼的是它们自己。它们有着固定的思维模式，总喜欢向着最狭窄的地方走，不管走进了一个多么黑暗的地方，即使是走进了一条死胡同，结果将自己逼上了"绝路"。

现实生活中，许多人的思想也如同钻进瓶子里的章鱼一样，最终囚禁了自己。在遇到苦恼、烦闷、失意时，他们喜欢一味地往"瓶子"里挤，往牛角尖里钻，结果越想烦恼的事情就越生气，越生气自我感觉就越不好，从而使自己的视野变得越来越狭窄，思想也变得越来越僵化。

现在，你是否身陷困惑与烦恼呢？有解决的办法吗？有！

当遇到"山重水复疑无路"时，假如我们能够不钻牛角尖，打破传统的思维，多一点创造性思维，该转弯时就转弯，那么，问题往往会迎刃而解，出现"柳暗花明又一村"的景象，许多事情也都能变不可能为可能，甚至能变坏事为好事，如此也就没有什么烦恼了。

摩诃是德国西部某小镇上的一个农民。前段时间，他看上了一片售价很低的农场，但是当他真正买下那片农场后才发现自己上当了。因为那块地既不能够种植庄稼和水果，也不能够养殖，能够在那片土地上生长的只有响尾蛇。

面对这样的事情，很多人都替摩诃惋惜，不过摩诃没有气急败坏，因为他知道生气也没有用，不如想想办法，把那些"坏东西"变成一种资产！很快，他就发现一条出路，所有的人都认为他的想法不可思议，因为他要把响尾蛇做成罐头。之后，装着响尾蛇肉的罐头被送到世界各地的顾客手里，他还把从响尾蛇肚中取出来的蛇毒运送到各大药厂去做血清，响尾蛇皮则以很高的价钱卖出去做鞋子和皮包。总之，响尾蛇身上所有的东西一下子都成了不可多得的宝贝。

出人意料的是，摩诃的生意做得越来越大，这让很多人刮目相看。摩诃成了当地的名人，也成了当地人们争相学习的楷模。现在，这个村子已成了旅游景区，每年仅去摩诃响尾蛇农场参观的游客差不多就有上万人。

买下一块不能够种植，也不能够养殖的农场，对任何一个人来说都是一件糟糕的、无可救药的事。值得庆幸的是，摩诃并没有钻牛角尖，非要将它当农场一样经营，也没有一味地生气抱怨，而是想到如何从这种不幸中解脱出来，结果真的改变了自己的命运。这是奇迹吗？是奇迹，但也是必然。

在生活和工作中，有许多问题很难用直接求解的方法得出答案。这时，不要凡事都幻想着走捷径，不如在理性分析的基础上独树一帜，适时地变通一下，从侧面来思考问题，该转弯时就转弯。曲中有直，直中有曲，这是辩证法的真谛，也只有这样才能真正地"运筹帷幄之中，决胜千里之外"。

为此，我们应该学一学水的智慧。你看，河流行经之地总有各种阻隔，高山、峻岭、沟壑、峭壁……但是水到了它们跟前，并不是一

释怀：
如何获得内心的平静

味地冲过去，而是很快调整方向，避开一道道障碍，重新开创一条路。正因为如此，它最终抵达了遥远的大海，也缔造了蜿蜒曲折、百转迂回的自然美。

有这样一个故事曾广为流传。

有一位年轻人，他是德国一所著名大学计算机系的博士生。毕业后，他想在国内找一份理想的工作。可是，由于他的起点高、要求高，结果连续找了好几家大公司，都没有被录用。思来想去，年轻人决定收起所有的学位证明，以一种最低身份求职。他拿着自己的高中毕业证去找工作，并声称自己只想在工作岗位上锻炼自己，学习学习，哪怕不给工资也愿意做。

不久，年轻人就被一家大企业聘为程序录入员。程序录入是计算机的基础工作，对他来说是小菜一碟，但他干得一丝不苟，看到程序中的错误时就向老板提出来。老板看他的能力非一般的程序录入员可比，对他自然多了一份欣赏，也对他产生了兴趣。这时，年轻人亮出了自己的学士证，于是老板给他换了一个与大学毕业生对口的工作。又过了一段时间，老板发觉在这个工作岗位上，他还是做得比别人优秀，就约他详谈，此时的他才拿出了博士证。

老板对年轻人的水平已经有了全面的认识，又佩服于他能够踏踏实实地做好每一项工作，便毫不犹豫地重用了他。

面对棘手的问题时，这个年轻人并没有消极地逃避或搁置问题，而是保持冷静的头脑，适时地变通了一下，结果找到了好工作。这个故事又一次验证了：遇事不钻牛角尖，不站在原地自怨自艾，才能寻找到解决问题的好办法。

在山穷水尽的时候，不钻牛角尖，该转弯时就转弯，在走出困境的同时，也许就获得了"柳暗花明又一村"的改变。如此，我们也就会少一些郁闷，多一些开心；少一些烦恼，多一些幸福，人也舒坦，心也舒坦。什么难题在你这里都不是问题，人生如此，该是何等的洒脱、何等的惬意。

◎ 给"气球"松松口

怒，从字面上看，就是一种能够把心变成奴隶的力量。不管你平时是多么理性、多么干练的人，一旦怒火中烧，就会完全丧失平日的自己。难怪有人说，愤怒是驾驭人的"暴君"，理性往往会被愤怒打败。

你曾经有过这样的经历吗？受到领导或同事批评后委屈不已或者暴跳如雷，不愿上班？和别人争吵后，气得上街乱逛，买一堆不合时宜的东西泄愤……像这类"犯规"的举止，偶尔一次还不要紧，如果经常这样，可就要小心了！因为不知不觉中，你已经成了情绪愤怒的"奴隶"。

那么，人就只能任凭愤怒驱使，做它的奴隶了吗？当然不是。美国作家罗伯·怀特曾经说过："任何时候，一个人都不应该做自己情绪的奴隶，不应该使一切行动都受制于自己的情绪，而应该反过来控制情绪。无论境况多么糟糕，你应该努力去支配你的情绪，把自己从黑暗中拯救出来。"

的确，生活中的很多悲剧多是因愤怒引起的。为此，我们应该学做情绪的主人，当怒火中烧时立即放松自己。气球太饱会爆，假如我们能够时常给"气球"放放气，就能把令人激怒的情境看淡看轻。当

释怀：
如何获得内心的平静

怒气稍降时，对刚才的激怒情境进行客观评价，也就能够更好地解决问题。

一个大庄园里有十几个长工，闲来无事常常坐在一起开玩笑，有时玩笑过火了就会起冲突。很多时候，冲突过后他们谁也不搭理谁，还会将怒火发泄到工作中去，结果将农田弄得一团糟。但有一个人，每次当他和别人发生争执生气的时候，他便以最快的速度跑回家去，绕着自己的房子和土地跑3圈，跑得气喘吁吁，然后再回来继续工作，就像什么事情也没有发生过一样。

时间久了，大家也都很好奇，询问这个人到底是怎么一回事。他每次都笑而不答，众人也理不出头绪。由于他鲜少与人结怨，又踏实能干，薪水涨了又涨，房子越来越大，土地也越来越广。但是，只要与别人争论生气时，这个人还是会绕着房子和土地跑3圈。渐渐地，他变老了，但还是会生气，一生气他还是会拄着拐杖，或者在孙子的搀扶下，艰难地绕着房子和土地走。

有一次，老人在孙子的搀扶下，喘着气走完3圈时，孙子终于憋不住了，恳求地说："爷爷，明明是对方的错，你为什么要这样惩罚自己呢？您可不可以告诉我这个秘密？"禁不起孙子的苦苦哀求，老人终于说出了隐藏在心中的秘密。他说："我这不是在惩罚自己，而是在解脱自己。我一跑步就会累，等跑完了，心中的怒火就消了，心情就好了，接下来就能好好工作了。"

如果你每次生气时也能像故事中的这个人一样，给自己找到宣泄情绪的窗口，给心中的"气球"松一松口，平息即将爆发的怒火，相信你能把更多的时间和精力用在有意义的事情上。同时，你还会在思想境界上得到极大的升华，成为一个快活无忧的人，获得一种从容安然的人生。

有一个日本老板想出一个奇招，专辟房间，摆上几个以公司老板形象为模型制作的橡皮人，有怒气的职工可随时进去对"橡皮老板"大打一通，发泄以后，职工的怒气也就消减了大半。

如果你平时生气了，参加一次剧烈的运动，看一场电影，或者散散步，这些与痛揍"橡皮老板"有异曲同工之妙。

不过，不是所有的人都会采取同样的方法来控制怒气，其中一个颇有效果的制怒方法便是"时间延宕法"，生气时多数数。美国前总统托马斯·杰斐逊为这个策略下了结论："当愤愤不已的思绪在你的脑海中翻腾时，最好的制怒方法就是在开口前数十下；如果愤怒异常，那么就数到一百吧！"

另外，还有几个口诀可以更有效地控制自己的脾气，给心中的"气球"松口，每天你可以在心里对自己多念几次，比如，"我可以抑制自己的怒气""我可以缓和自己的怒气""我可以常保冷静和谐之心""我可以如岩石般屹立不倒"……增强心理承受能力，强化理智的力量，如此，情绪就得到一定程度的释放，你也就拥有了一定的自控能力。

克制自己的怒气，做到平心静气，绝对是一种高深的境界。

一位法师化缘后走在街上，没想到迎面碰上一位彪形大汉。大汉慌忙闪躲，不想胳膊撞到法师的眼镜上，而眼镜磕到了法师的眼皮上，把眼皮磕青了，眼镜也随即掉在地上，镜片摔得粉碎。这个大汉没有丝毫愧疚，理直气壮地吼道："谁叫你戴眼镜的！"

法师什么也没说，微微一笑。

见此情形，大汉觉得奇怪，便问："喂，我把你的眼镜碰碎了，你为什么不生气？"

法师回答:"我为什么一定要生气呢?生气既不能使破碎的眼镜重新复原,又不能使脸上的瘀青立刻消失,消除苦痛。再说,我对您破口大骂,或是打斗动粗,都不能解决问题,不如不生气。"

大汉听后,顿感愧疚,随即向法师赔礼道歉。

在生活中,我们也应当像这位法师一样,学会克制自己的情绪,用理智给"气球"松松口,不让怒气蒙住理智的眼睛。你会发现,心平气和、理智冷静地解决问题比生气要好得多。如此一来,气消了,智慧也增长了,而且能够找到人生中的另一番祥和。

下次生气时,不妨试着让自己冷静一下,及时地反问自己:"靠愤怒能解决问题吗?""我究竟要的结果是什么?""要用哪些步骤来处理令我愤怒的事件?"……如此自我询问后,你的思路会转移到如何处理事件上,这时理性的力量会被唤醒,你就能把愤怒的包袱从双肩卸下来。

◎ 你的汤是冷的,请加热

静观身边的生活,抱怨几乎无处不在,如影随形。人一旦心情不顺的时候,就开始牢骚满腹,怨天尤人,各种抱怨的想法会随之而来:工作的繁忙、生活的忙碌、薪水的微薄、沟通的障碍、情感的波折等,生活中的大小事件,几乎没有什么是我们不能抱怨的对象。

然而,抱怨能给我们带来什么呢?

如果一个人从早到晚逢人就抱怨,向别人吐苦水,结果只会是苦水越吐越多,越吐越苦,不但不能让自己身心舒畅,反而让别人因为我们的抱怨而深受影响,遭受不愉快,惹来一身的怨气。试想,有谁愿意和这样的人交朋友呢？这之后，你的抱怨更加严重，你的心境更加糟糕。

你是否有过这样的经历：你在心情很好的时候碰到一个朋友，这个朋友一来就说天气有多么糟糕，他的生活充满了各种不如意，简直就是一团糟。这个时候，你的大脑会随着他的语言思考，结果你的脑中浮现一幅不愉快的黯淡无光的景象，你的心情突然间也会一落千丈。下一次，你是不是会尽量避开与这个朋友交流，敬而远之。这是为什么？因为我们不喜欢与成天抱怨的人相处。

事实上，很多时候我们不需要抱怨，甚至不需要言语，而是需要直接用我们的行为去改变一件事。有一句话说得好："如果不喜欢一件事，就改变那件事；如果无法改变，就改变自己的态度。不要抱怨。"当我们把关注的焦点放在如何解决问题上时，好好表达自己的期许，就会发现，问题原本可以得到高效地解决。

如果你习惯抱怨的话，现在不妨试着把抱怨转成陈述事实。因为你不说怨言，怨言将无处可逃，你也将看清问题的本质，好好反省自己的行为，问题才能得到解决。这样一来，你会变成一个快乐的人，你的生活会有意想不到的大转变。

有这样一个故事。

一位女士因为丈夫的冷淡而苦恼不已。她常常对他大吼大叫："你总是这样健忘，想不起我们的结婚纪念日！""你已经很久都没有带我出去吃饭了，难道你的工作就那么忙？没有一点时间陪我？""你是人还是石头？我已经无法忍受你了！"……这样的抱怨使丈夫感到厌烦，对妻子越来越冷淡。

后来，她学着不抱怨，改用温和的方式和丈夫说话："亲爱的，我

释怀：
  如何获得内心的平静

知道你的工作很辛苦，我提一些要求令你很不高兴。但是，我觉得有时候也应该留点时间给自己，你说呢？我们一起出去散散心，或者先去野餐，然后再随便逛逛，那该多么美妙啊！"渐渐地，丈夫也改变了冷淡的态度，一家人其乐融融。

好了，现在你明白了，既然抱怨没有任何的好处，而且会使我们变成不受欢迎的人，那就要改变自己的方式，舍得心中的怨气，摒弃无休止地抱怨，努力做好自己的事情，凭借自己的力量改变所处的环境。

大学毕业后，毕业于律师专业的王宾没有找到合适的工作，暂且在一家保险公司当了业务员。刚到公司上班，王宾就发现公司里大部分人不敬业，对本职工作不认真。他们不停地抱怨着，抱怨工作难做，抱怨待遇太低，抱怨保险行业不景气，抱怨专业不对口……干活也提不起一点兴趣。

尽管王宾也很认同这些观点，但是他认为"抱怨半天又没有什么用，不得照样干吗？既然能找到这份工作，就要好好珍惜，力争把它干好吧"。就这样，他没有任何抱怨，而是一头扎进工作中，踏踏实实地干活。无论受到老板任何指派，他都一丝不苟地完成，没有任何的怨言。

但是，保险是一份让人很头痛、很难做的工作，王宾的工作开展起来也很困难，第一个月只拿到了最基本的底薪。怎样做才能让人们愿意接受保险业务员呢？为此，王宾在社区里举办了"保险小常识"讲座，免费为社区居民讲解保险方面的常识。渐渐地，社区居民们对保险产生了兴趣。

接下来，王宾的工作进行得很顺利，业绩突飞猛进，也受到了经理的重用和同事们的欢迎。时间一长，王宾居然后来者居上，成了公司里的"顶梁柱"。而那些只会抱怨的同事,还是业绩平平,虚度年华。

王宾深知抱怨无济于事,只有通过努力才能改变处境。他认认真真地从小事做起,在工作中踏踏实实,从来没有任何怨言。正因如此,他取得了不俗的业绩,赢得了公司领导的赏识,获得了更多发展的机会。机会通常只会光顾那些任劳任怨、埋头苦干的人,只知抱怨的人是做不出成绩的。

请记住,永远都不要抱怨。你可以选择自己的言语,创造自己想过的生活。不抱怨是一种人生智慧,也是一种心灵修养,还是一种可以培养的习惯。当你不再以抱怨来发泄情绪时,你就走入了一个不抱怨的世界。幸福的人生就是不抱怨的人生,快乐的世界就是不抱怨的世界。

◎ 珍惜"被利用"的价值

"被人利用了。"这听上去令人不是很舒服,因为"被利用"会让人觉得自己好像"傻瓜"一样,没有得到应有的尊重,有一种被人戏弄的感觉。因此,很多人一旦发现自己成为被人利用的对象时,总会愤愤不平。

殊不知,身在竞争激烈的社会,我们每个人都在利用别人,谁又能不被别人利用。只要你还能被别人利用,只要还有人愿意利用你,那就证明你还有价值。不怕被人利用,就怕你没用。甚至,从某种程度上来说,一个人成就的大小,就看他给别人所带来的价值有多少。

可以假设一下,有这样一个人,他能力不如你,才华不如你,既不能与你信息共享、情感沟通,也不能与你相求相助,但是一有困难

释怀：
   如何获得内心的平静

就要跑来找你，这样的人你会利用他吗？恐怕不会，想必你也不愿同他做朋友。因此，当别人挖空心思利用你时，请不必生气，这证明你有可利用的价值。

听过这样一个小故事。

一位著名的建筑师想在建筑工人中找一个人做自己的学徒，于是他来到建筑工地上。他问见到的第一个工人："你在做什么？"工人没好气地说："在做什么？你没看到吗？！我在为了微薄的工资给那个冷酷无情的老板卖命！"他一连问了好几个工人，每个人都是一副很愤怒的样子。

突然，建筑师看到一个年轻的工人敲着石头，脸上却露出幸福的表情。他走过去问他："你在干什么？"工人眼睛里闪烁着喜悦的光芒说："我在为兴建一座巨大的教堂而努力！虽然敲石头的工作并不轻松，但当我想到将来会有无数的人来到这儿接受上帝的爱，心中便常感到高兴。"

不用问，建筑师当然选择了最后的那位工人。

从上述的故事中，我们分析出，虽然这几位工人都被老板利用了，但他们的工作态度却截然不同。前几位面对被利用，态度消极，只为工作而工作，而最后一位却从中看到了自己的价值，觉得这份工作很好。

能够认真对待"被利用"的人，方能够体会被利用的快乐，也才能去对生活感恩，用一种积极乐观的态度去面对一切。另外，从某一个角度上来说，如果利用者利用他人之力，成就了自己，那么被利用者往往也能从中受益，在被利用中成就自己。

你是否想过，不管我们拥有多大的能力，如果没有一个可以展示的平台，这些能力就如一卷卷的胶卷，没有放映机，全部都毫无用处。而别人"利用"我们，正是给我们提供一个可以展示能力的地方，一旦拥有了这个平台，我们就能将实力发挥得淋漓尽致。这样看来，所谓的"利用"，其实既肯定了我们的价值，也是一种互惠行为。

因此，当发现自己被人利用的时候，我们实在没有必要为此愤愤不平，不妨珍惜被利用的价值，在被利用的过程中努力发光，让自己能在那一块舞台上更加炫目，进而拥有更宽广的舞台。只有那些被"利用"的人，才有可能被赋予更多的机遇，才能有资格获得更大的荣誉。

文萱学的是服装设计，在这方面也特别有天赋。毕业后，她进入一家服装设计公司，不久就赶上公司要筹备一个大型时装展，每组成员都被要求交一份设计作品。为了证明自己的能力，文萱绞尽脑汁，最终她的设计脱颖而出。但是到了署名的时候，设计图上却署上了主管的名字。

知情的同事们都为文萱感到愤愤不平，劝她将这件事情告诉总经理，但是文萱并没有因此而觉得受到很大委屈，也没有太大的反应，她安慰自己被利用是一种对自己的肯定，于是工作也更加努力。不久，在一次公司的例行大会上，主管不仅表扬了文萱，还建议总经理给文萱升了职。

文萱不仅有才华，情商也很高。当自己的努力被主管据为己有的时候，如果她大闹一场，或者赌气不好好工作的话，最后她只会失去自己的舞台，哪还会获得晋升呢？在整个过程中，主管虽然利用了文萱，但同时也在尽可能地给文萱提供一个舞台。毕竟，得到了好处，总要做点实事。

的确，人之所以与人交往，多半是想从交往对象那里满足自己的

释怀：
如何获得内心的平静

某些需求。这种满足，既有精神上的，也有物质上的。所以，按照人际交往的互利原则，你被"利用"了，对方自然以涌泉相报，这就是所谓的"得道多助"。著名品牌营销专家兰晓华曾说过，人脉的最高境界就是互利。

将自己的能力转变成"可利用的价值"，并利用一切渠道和机会向别人广泛传递，长此以往，不仅自己的价值越来越高，而且有利于结交更好、更有价值的朋友，促成更有效、更稳固的人脉资源，这是现代社会的一种生存智慧。我自豪：我有被"利用"的价值，我欢迎任何人来"利用"我！

总之，现代社会不乏合作，"被人利用"是难免的事情，"被利用"正是因为我们存在被他人看中的价值。千万不要认为自己被利用了就愤愤不平，等到真有那么一天你被人不闻不问，那你就真的失去了自身价值。

「第2章」
调整脚步多往阳光处走

生活的快乐与否，完全决定于个人的心态。你的态度，决定了你一生的高度。生活中难免遇到烦恼和痛苦，假如我们换种角度、换个心态，调整脚步多往阳光处走，以阳光的心态看待一切，那么就会发现，事实远没有想象中的那样糟糕。随时打开你的心灵之窗，让阳光普照你的心灵吧！

◎ 耕好自己的"心田"

一个老太太不管是晴天还是雨天都整天坐在路口哭，因为她的大女儿是卖伞的，二女儿是卖布鞋的。下雨时她哭，是因为二女儿在下雨天没生意；晴天时她哭，是替卖伞的大女儿难过，所以人称她为"哭婆婆"。

一天，一位禅师遇到了哭婆婆，一语把她从迷雾中拉了回来。禅师说："老人家大可不必天天忧心。下雨的时候，你要想卖伞的女儿生意好；天晴的时候，你要想卖鞋的女儿卖得好，这样你自然就不会哭了。"

听了禅师的一番话，老太太顿悟。从此，街头便有了一个总是乐呵呵的笑婆婆。

哭婆婆变成了笑婆婆，这里的关键就在于她看待事情的角度发生了改变。凡事总往坏处想，每天都有麻烦事，只能处处碰壁；凡事多

释怀：
如何获得内心的平静

往好处想，每天都是好日子，就会海阔天空。有什么样的想法，就有什么样的日子。明白了这个道理，那么，我们就要调整自己的心态，凡事多往好处想。

如果将心灵比作一方土地，那么你种下什么，就能收获什么。每个人都有这样一块心田，关键在于如何耕种。如果你播上"良种"，如各种健康的思想观念、正确的生活理念，那么你就会收获这些良好的东西；相反，播撒"劣种"的话，它就会长满杂草逐渐荒芜，使人消沉萎靡，腐蚀人的意志，消融人对生活的热情和信念。

我们的选择决定了我们的心情，甚至改变了我们的际遇。既然这样，为何不耕好自己的"心田"，多往好的一面想呢？凡事多往好处想，是一种科学的人生态度，是一种健康积极的人生哲学，是心理健康之道，也是幸福快乐的不二法门。凡事多往好处想，你会发现事情远远没有想象的那么糟糕，再不幸的生活也可以是一片艳阳天。

苏格拉底曾和几个朋友一起住在一间很狭小的小屋里，生活非常不便，但他整天乐呵呵的。有人问："那么多人挤在一起，你有什么可乐的？"苏格拉底说："我们随时都可以交换思想，交流感情，这是多么值得高兴的事情。"

过了一段时间，朋友们相继搬了出去，屋子里只剩下了苏格拉底一个人，但是他仍然很快活。那人又问："你一个人孤孤单单的，有什么好高兴的？""一个人安静，我可以认真地读书，这怎能不令人高兴呢？"

几年后，苏格拉底搬进了一座七层大楼里，他住底层。底层的环境很差，上面老是有人往下面泼污水，丢破鞋子、臭袜子和乱七八糟的东西。苏格拉底还是一副自得其乐的样子。那人又好奇地问苏

第三辑 做快乐的人
——阳光的心态，才能拥有阳光的人生

格拉底为什么高兴，苏格拉底回答："住一楼进门就是家，上下楼、搬东西都很方便，还可以在空地上种花草……这些乐趣呀，数也数不尽！"

过了一年，七楼有一个偏瘫的老人嫌上下楼不方便，苏格拉底便将一楼的房间让出来，搬到了七楼，他每天仍然是快快乐乐的。那人揶揄地问："住七楼是不是也有许多好处啊？"苏格拉底说："是啊！没有人在头顶干扰，白天黑夜都非常安静；每天上下楼几次，有利于身体健康；光线好，看书写字不伤眼睛。"

后来，那人遇到苏格拉底的学生柏拉图，问道："你的老师所处的环境并不是那么好，但他为什么总是那么快乐呀？"柏拉图说："你不能控制他人，但你可以掌握自己；你不能左右天气，但你可以改变心情。只要你想，每天都是快乐的。"

看到了吧，世间很多事情都是有利有弊，但是事情本身并无所谓好坏，关键在于你怎么想，是你的态度决定了你的生活是好是坏。美国最受尊崇的心理学家威廉·詹姆斯就曾说过这样一句话："我们的时代成就了一个最伟大的发现——人类可以借着改变自己的态度，改变自己的人生！"

比如，年过半百的你坐公交车时没有人让座，你可能会感到生气、失望，但如果这样想："我还没有老，我还年轻。假如我老态龙钟的话，别人早就给我让座了。"心里势必会乐滋滋的，仿佛又年轻了许多！你为公婆付出了许多，跟着丈夫没享过福，此时不妨想想有地方住，有饭吃，双亲俱在，可以共享天伦，是不是觉得生活变得好了呢？

要获得快乐没什么秘诀可循，唯一的办法就是耕好自己的"心田"。只要心境明朗，自娱自乐，我们往往就能获得生命的新意和对生活的一种全新理解，认识到每天都是个好日子。如此，人生还有什么事情能被困住的呢？

每天都是好日子，出自云门宗禅大师之口。

一个风清月朗的夜晚，云门禅师把弟子们召集在一起，问弟子们："开悟以前的事我不问你们了，开悟以后的情境，你们试着用一句话说来听听！"弟子们冥思苦想，不知如何应答，云门禅师说："天天都是好日子呀！"

面对人生，安贫乐道，"春有百花秋有月，夏有凉风冬有雪，若无闲事挂心头，便是人间好时节。"春有百花，秋有圆月，不错；夏有凉风，冬有雪景，也很好；晴天时，则爱晴；雨天时，则爱雨；有乐趣时，则快乐；没乐趣时，也快乐。这绝对是超然豁达的境界，这份安然实在令人羡慕！

◎ 好运气，能"制造"

在纷繁复杂的世界里，每个人不可能是一帆风顺的，或会遇到困难，或会遭遇挫折，或是体验各种变故。这时候人们很容易会心烦意乱，或者萎靡消沉，甚至一蹶不振，陷入消极被动的恶性循环，难以自拔。

你希望自己一辈子生活在绝望中吗？你甘愿自己一生平庸无为吗？如果你的答案是否定的，那么，现在就调整自己的心态，学着用积极的心态看待生命中的不幸，你会发现内心获得了全新的感受，不利的局面将一点点打开。

因为，好运气，能"制造"。

第三辑 做快乐的人
——阳光的心态，才能拥有阳光的人生

你是否留意到：有时，你心里想要的东西会接连不断地出现在你眼前，你渴望发生的事情会奇幻般地发生。比如，你在街头行走的时候突然遇到了自己梦寐以求要见的人；你想要一个笔记本电脑，朋友果真将它作为生日礼物送给了你；在恰当的时间和地点，你遇到了一个满意的终身伴侣……相信很多人有过这样的体验。

想要什么就来什么，太玄妙了！虽然听上去有些不可思议，但实际上，这都是心态的作用。心态有时会决定人的命运，积极心态就是转运的阳光。因为，它会让你看到生活的另一面正阳光灿烂，激发自身内在的积极力量和优秀品质，最大限度地挖掘自己的潜力，让事情向有利于我们的方向发展。

电影《倒霉爱神》恰恰给我们证明了这个事实。

女主人公艾什莉好比上帝的宠儿，始终受到生活的眷顾：随便买一张彩票就能够中头奖；在繁忙的纽约街头想要搭计程车，很快就有好几辆车都向她驶来；毕业后不费周折在一家知名的公司做了项目经理。她的生活和工作，可谓一切顺利，惬意又幸运得让人嫉妒。

男主人公杰克好比世上的天煞霉星，有他出现的地方就有霉运。医院、警察局、中毒急救中心，是他经常光顾的地方。新买的裤子看上去好好的，可他一穿就断线；工作上，他更没有艾什莉那么幸运，他不过是一家保龄球馆的厕所清洁员。

看到影片中这些零碎的片段时，众人不禁哑然失笑，但也会感慨：同样是人，怎么差别这么大？有人就是幸运，有人就是倒霉！其实，这不是运气的问题，而是心态在发挥作用。对于艾什莉来说，她的内心充满着对好运气的渴望，她所做的一切都在朝着好运的方向努力。积极的生活态度，自然给她带来惬意美好的生活。反观杰克，他为何

释怀：
如何获得内心的平静

就像一块倒霉的磁铁呢？那是因为他的潜意识里不断地提醒他，就快有霉运来了。于是，正如他所想的那样，倒霉的事真的接二连三地来了。

其实，人与人之间本来只有很小的差异，但这很小的差异却往往造成了巨大的不同！巨大的差异就在于凡事所采取的不同的心理暗示。美国企业家理查·狄维士也曾告诫我们说，"人们需要保持内心积极的力量，从始至终、永不放弃。特别是在人生中不如意、不顺心、不快乐的阶段，更是需要拥有充足的心灵资源来支撑度过"。

因此，面临人生的逆境时，我们不必绝望，自甘堕落，而是要及时地调整情绪，改变自己的心态。只要我们以乐观、向上、愉悦的积极态度面对人生，就会发现生活里原来到处都是"好运"，就能突破重围，任何难题都将迎刃而解。这一点适用于每一个人，每一种场合。

那么，什么是积极的心态呢？让我们看看下面的例子吧！

查理出身贫寒，初中毕业后就离开了家，赌博、斗殴、酗酒，同"边缘人物"混在一起，军事冒险者、逃亡者、走私犯、盗窃犯等人都成了他的同伴。最后，他因走私麻醉药物而被捕，受到审判并被判了刑。查理进监狱时扬言，任何监狱都无法关住他，他会寻找机会越狱。

但此时，查理的妈妈寄来一封信："你提起被关在监牢多么难受，我真的可以理解。查理，你可以选择看着铁窗，也可以选择透过它看外面的世界；你可以成为囚友的榜样，也可以与那些捣乱分子混在一起。这一切，都在于你内心的选择。"看完妈妈的信，查理悔悟了，他决定停止敌对行动，争取好的表现，变成这所监狱中最好的囚犯，改变自己的人生。

积极的心态让查理看起来热情和诚恳，因而博取了狱吏的好感。

从那一刻起，他整个生命的浪潮都流向对他最有利的方向，并且顺利地获得了一份电力工作。"我一定要干好这份工作，我可以的。"查理一直用积极的心态学习和工作，他成了监狱电力厂的主管人。他领导着100多人，鼓励他们每一个人把自己的境遇改进到最佳的地步。最终，他和他的囚友们都提前出狱，重回社会。

查理曾经被判刑入狱，如果他继续往原来的方向奔去，谁知道他会变成什么样啊。幸好妈妈的信件，使他学会了用积极的心态去解决他的个人问题，终于把他的世界改造成为适合生活的更好的世界，而他得到了平静的心情、幸福、热爱和人生中有价值的东西，这就是积极心态的力量。

可见，积极的心态就是用积极的思想、语言不断地鼓励自我、安慰自我，克服悲观、沮丧和恐惧心情，在内心里认为自己能够成功、正在进步，并且会越来越好，从而使心理状态得到自我调整，激发出自身内在的积极力量和优秀品质，进而最大限度地挖掘出自己的潜力。

詹姆斯·E.艾伦在《思考的人》一书中说，"一个人会发现，当他改变对事物和其他人的看法时，事物和其他人对他来说就会发生改变——要是一个人把他的思想朝向光明，他就会很吃惊地发现，他的生活受到很大的影响。人不能吸引他们所要的，却可能吸引他们所有的……能改化气质的神性就存在于我们自己心里，也就是我们自己……一个人所能得到的，正是他们自己思想的直接结果……有了奋发向上的思想之后，一个人才能奋起、征服，并能有所成就"。

"安利之父"、美国著名企业家理查·狄维士也极为推崇积极的心态，甚至将毕生卓越的经营理念归结为"积极思考"，或称为"积极心态"。他认为,"拥有积极向上的心态,是培养领导力、取得事业进展的关键;生活在当下的每一个人,都需要掌握积极思考的智慧"。

记住,你的心态是你,而且只能是你,唯一能够完全掌握的东西。练习并控制你的心态,利用积极心态来引导。接下来就很简单了,等待好运的出现,这是真的!就如日本西田文郎所言,"我敢如此断言,因为幸运是有原则的,只要遵循着幸运的大原则去生活,人生就会一路幸运,好运挡也挡不住"。

以下是一些有重要意义的提示语,供参考:

如果相信自己能够做到,你就能够做到;

在我生活的每一个方面,都一天天变得更好而又更美好;

我凭借自己的行动,就能变成我想做的人;

我觉得自己很棒,好得不得了!

……

◎ 假装的艺术

在生活中,你有没有过这种体验:当周围的事让你不顺心,处处都是烦恼时,你心里就会产生烦躁情绪,做起事来就会急躁,对他人也更没有耐心。结果,你做事情时就很容易出现差错,你的人际关系也会变得糟糕,导致你情绪低落,渐而渐之,形成了一种恶性循环。

怎么办?日子总是要继续的。如果你暂时无法改变这种境遇,那么你可以改变行动,通过行为来调节情绪。也就是说,接受这一切,然后把嘴角上扬,装出一副开心的样子,勇敢地面对它。

假装快乐,假装微笑,也许刚开始有点自欺欺人,有点勉强,但

第三辑 做快乐的人
——阳光的心态，才能拥有阳光的人生

是假装快乐确实是一种快速调节情绪的好方法，可以使人们尽快摆脱不良情绪。形成习惯以后，快乐就仿佛长在了身上，成了身体的一部分。关于这一点，就连实验心理学顶尖大师威廉·詹姆斯也说："如果你不开心，那么，能变得开心的唯一办法是开心地坐直身体，并装作很开心的样子去说话及行动。"

这是因为，人的身体和心理是互相影响的，某种情绪会引发相应的肢体语言，肢体语言的改变同样也会导致情绪的变化。当无法调节内心情绪时，你可以调整肢体语言，带动出你需要的情绪。比如，强迫自己做微笑的动作，就会发现内心开始涌动欢喜，所以假装快乐，你就会真的快乐起来，这就是身心互动原理。

不信？你可以先在脸上堆起一个大大的真诚的微笑，放松肩膀，深吸一口气，再唱首歌。如果不会唱，就吹口哨，不会吹口哨的，就哼唱。很快，你就会明白威廉·詹姆斯的意思——如果你的行为散发的是快乐，就不可能在心理上保持忧郁，体会了其中的真谛，你的人生将会充满快乐。

我们来看一个经典的故事。

有一个女孩小时候不小心跌倒了，结果左额上留下了一块伤疤。这让她觉得自己很丑，不愿意和别人打招呼，甚至不愿意抬头走路，每天情绪都很低落。一天，妈妈送给女孩一只发卡，发卡别在头发上正好挡住了那块伤疤。女孩立刻觉得自己变漂亮了，于是就别着发卡出门了。

女孩一整天都觉得心情很好，好像每个人对她都比平时更亲切。她也主动和别人打招呼，上课听讲也更认真了，因为她觉得好像每个老师都在注意她。回到家里，女孩兴奋地和妈妈说："妈妈，你送给我

释怀：
如何获得内心的平静

的这个发卡实在太神奇了！我从来没有感觉这么好过。"接着，她把当天在学校里发生的一切和妈妈讲了。

妈妈听后，纳闷地说："女儿，可是你今天并没有戴这个发卡啊。你看，早上你出门后，我在门口捡到了它！"

故事中这个女孩的变化，与其说是因为发卡的存在，不如说是一种假装的艺术。她觉得自己很开心，所以就真的很开心。这也正好印证了世界级潜能激励大师安东尼·罗宾所说："你有什么样的感觉，你就有什么样的生活。"

微笑是最美丽的符号，为何要板着脸不苟言笑呢？许多事情我们无法改变，难道好心情也要随之消失吗？当然不是，即使那些没有头绪的问题使你焦头烂额，但也要使自己保持好心情。笑一笑，好心情不仅挂在你脸上，而且喜在你心头，快乐真的会源源不断地向你"袭来"。

山姆是一个不起眼的年轻人，他的工作就是每天站在工厂里的车床旁边卸螺丝钉。他一开始非常厌倦这个工作，但当他发现无法改变现状时，就想："与其这样郁闷，倒不如开心一点吧。"琢磨来琢磨去，他决定和同事比赛。他们一个磨平螺丝针头，另一个负责整修螺丝钉的大小。

接下来，山姆将工作当成了一项快乐的游戏。他整天兴致勃勃地工作着，优秀的成绩使他赢得了很多赞誉。对此，山姆解释道："虽然只是假装喜欢自己的工作，但我真的就多少有点喜欢它了。后来，我发现自己真的喜欢上了这份工作，一旦喜欢了自己的工作，效率就提高了。"

听到大家的称赞，山姆更加喜欢这个工作了。结果，新的工作态度使经理认为他是一个好职员，山姆很快被升职。山姆自此平步青云，最终成为行业的佼佼者！"竞争如此激烈，我不能垮掉，也不敢垮掉，我就假装快乐。微笑是免费的，假装快乐不用花一分钱，但它们却能伴随我渡过许多难关……"这正是山姆的成功秘诀。

在这里，看似是山姆能力的提升，其实是一种情绪的变化，一种自我心理调节，他的"假装快乐"最终弄假成真了。如果当初他没有假装快乐，就不会改变工作态度，或许他这一辈子都只是一个卸螺丝钉的基层工人。

可见，情绪不仅需要修炼，还要学会演绎，也就是说，有时候要通过"表演自我"将调整好的最佳身心状态"诱导"出来。当然，这种表演并不等于虚伪做作，而是借助脸部或者身体表现出积极的情绪，再把积极信号反馈给大脑，诱发出真实的情绪。

"假装"不仅是一种快乐的哲学，更是一种人生的境界。作为一个奔波在繁杂都市中的普通人，我们每天都不可避免地要面临各种各样的难题。当你对现状无能为力时，当你对生活心有不满时，不要乱，不要慌，深吸一口气，稳定心神，微笑着告诉自己："一切都很好，是的，我能应付。"

◎ 妈妈，我会面带微笑的

世界上有一种很美丽的语言，不需要你夸夸其谈，更不需要你画蛇添足去粉饰，但它却能传递给人最奇妙、最柔和的阳光般的温暖，不仅能给生命带来春天般的温馨，更能融化冰雪般的寒冷。正如诗人雪莱所说："微笑是仁爱的象征，快乐的源泉，亲近别人的媒介。"

有一个穷苦的妇人，带着一个约 4 岁的女孩在逛街。走到一架快

释怀：
如何获得内心的平静

照摄影机旁，孩子拉着妈妈的手说："妈妈，让我照一张相吧。"妈妈弯下腰，把孩子额前的头发拢在一旁，很慈祥地说："不要照了，你的衣服太旧了。"孩子沉默了片刻，抬起头来说："可是妈妈，我会面带微笑的。"

"我会面带微笑的。"小女孩的这句话听起来没有什么特别。可是在现实生活中，并不是每个人都能做到这一点。假如你在摄像机前也像那个贫穷的小女孩一样，穿着破烂的衣服，一无所有，你能坦然从容地微笑吗？恐怕，很多人会怨天尤人、自怨自艾，甚至堕落放纵……

然而，这一切并不会帮到你什么，只会让你的生活笼罩在痛苦和沮丧的迷雾里。与其这样，我们为什么不开阔心境，为何不快快乐乐地生活呢？即使在困境中，只要我们的脸上始终带着微笑，那么，不论面前有多大的困难，我们都能迎刃而解，生活也会充满灿烂的阳光。

"人，不能陷在痛苦的泥潭里不能自拔，遇到可能改变的现实，我们要向最好处努力；遇到不可能改变的现实，不管让人多么痛苦不堪，我们都要勇敢地面对，温和一点，宽容一点。用微笑把痛苦埋葬，才能看到希望的阳光。"这段话摘自颇有影响的作家伊丽莎白·康黎《用微笑把痛苦埋葬》一书。

让我们一起来看看她的故事吧！

二战期间，在庆祝盟军于北非获胜的那一天，家住美国俄勒冈州波特兰的伊丽莎白·康黎女士收到了国防部的一份电报：她的儿子在战场上牺牲了。这是她唯一的儿子，也是她唯一的亲人，那是她的命啊！伊丽莎白·康黎无法接受这个突如其来的残酷事实。她痛不欲生，心生绝望，觉得人生再也没有什么意义，于是决定放弃工作，远离家乡，然后找一个无人的地方默默地了却余生。

第三辑 做快乐的人
——阳光的心态，才能拥有阳光的人生

在清理行装的时候，伊丽莎白·康黎忽然发现了一封几年前的信，那是儿子在到达前线后写给她的。信上写道："请妈妈放心，我永远不会忘记您对我的教导，无论在哪里，也无论遇到什么样的灾难，我都会勇敢地面对生活，像真正的男子汉那样，能够用微笑承受一切不幸和痛苦。我永远以您为榜样，永远记着您的微笑。"伊丽莎白·康黎把这封信读了一遍又一遍，"是啊，我应该像儿子说的那样，用微笑埋葬痛苦。我没有起死回生的神力改变现实，但我有能力继续生活下去"。

后来，伊丽莎白·康黎打消了背井离乡的念头，重新开始工作，也不再对人冷漠无情。为了培养新的兴趣，结交新的朋友，她还参加了一个成人教育班。再后来，她打起精神开始写作，立足于自己的经历，著成了《用微笑把痛苦埋葬》这本书，成为一名出色的作家。

"用微笑将痛苦埋葬，才能看到希望的阳光。"伊丽莎白·康黎说得多好啊！伊丽莎白·康黎用微笑将痛苦埋葬，用希望代替了绝望，走过了艰难岁月，让快乐成为生活永恒的格调。她的故事再一次启迪我们：微笑能将残酷的现实掩埋，用微笑去对待生活，生活也必然会对你微笑的。

有一位哲学家曾经说过："微笑对于一切痛苦都有着超然的力量，甚至能够改变人的一生。"这句话一点也没错，生命的意义与目的在于无限地追求快乐和避免痛苦。不管现实让人多么痛苦不堪，我们都不能陷在痛苦的泥潭里不能自拔，而应该保持一份微笑，用微笑埋葬痛苦。

寒梅无法选择季节，却傲视冰霜；秋菊无法选择时令，却代秋天发言；人无法选择命运，那就学会微笑吧！微笑是一种心态，心态得益于修养；微笑是一种境界，境界依靠的是磨炼。真正懂得微笑的人，总是容易吹散郁积在心头的阴霾，获得比别人更多的成功机会，让生活井然有序地前进。

不论是《摩登时代》还是《淘金记》，在电影中永远扮演草根阶层的卓别林，面对挫折也好，幸运也罢，总是报之以一个憨厚淳朴的微笑，微笑成了卓别林喜剧片的标志物。对于微笑，卓别林这样解释："微笑吧，即使胸口怀着伤痛；微笑吧，不管伤心往事在心中。当天空布满阴云，你终将渡过难关，只要你在恐惧与悲痛中微笑、微笑，也许明天，就能看到阳光普照。"

所以，当你觉得痛苦时，不妨微笑，再微笑，让所有的微笑在阳光里徜徉而行，不让任何微笑滞留在生命的罅隙处。你会惊喜地发现，心中的仓促和不安静止了，世界的大门为你敞开了，原来生活如此美好。让自己的每一天在微笑里前进，无所畏惧，这是岁月的使然，也是生命的必然。

◎ 别忘记摘个苹果

太阳东升西落，于是就有了一天的昼和夜。昼夜交替，顺逆相依，本是自然运转的规律。问题是很多人身处黑夜，在看不到希望、看不到转机时，往往如同热锅上的蚂蚁，失去理智，不能判断方向，手忙脚乱，结果无功而返。

身处黑夜困境并不可怕，可怕的是丧失斗志、放弃希望。人生的成功与否，其实在于心境，在于我们能否在黑夜中寻找光明。事实上，黑暗中的我们还有很多事情可做，比如顺手"摘下一个苹果"。

这里有一个很动人的小故事。

在一座香火旺盛的寺庙里，住持年岁已高，便想从众多的弟子中，

第三辑 做快乐的人
——阳光的心态，才能拥有阳光的人生

选出一个能担当大任的人继承他的衣钵。为了公平起见，这天，他将所有弟子召集在一起，吩咐说："每人去南山打一捆柴，谁打的柴最多，我就将住持的位置传给谁。"

徒弟们听后，欢呼雀跃，心想：不就打一捆柴吗，这有何难？他们匆匆行至离山不远的河边，但都目瞪口呆。只见洪水从山上奔泻而下，无论如何也休想渡河打柴了。弟子们无功而返，都有些垂头丧气。唯独一个小和尚与住持坦然相对。

住持问其故，小和尚从怀中掏出一个苹果，递给住持说："过不了河，打不了柴，见河边有棵苹果树，我就顺手把树上唯一的一个苹果摘下来了。"后来，这位小和尚成了住持的衣钵传人。

记得诗人顾城的一首诗中有这样一句话："黑夜给了我黑色的眼睛，我却用它寻找光明。"的确，身处黑夜，不自暴自弃，仍然仰望光明并孜孜以求，哪怕抓住的只是身边细小的机会，有可能只是捡到一个"苹果"，也有可能使自己成为一个自强不息的人，就可能谱写出一曲自强不息的人生赞歌。

历览古今，抱有这种生活信念的人，最终都实现了人生的价值。其中，海伦·凯勒就为我们树立了榜样。

1880年，海伦·凯勒出生于美国亚拉巴马州北部一个叫塔斯喀姆比亚的城镇。在她一岁半的时候，一场猩红热夺去了她的视力和听力——她再也看不见、听不见，接着她又丧失了语言表达能力。海伦仿佛置身在黑暗的牢笼中无法摆脱，万幸的是，她并不是一个轻易放弃的人，她渴望光明。

不久，海伦就开始利用其他的感官来探查这个世界。她跟着母亲，拉着母亲的衣角，形影不离。她去触摸，去嗅各种她碰到的物品。她

释怀：
如何获得内心的平静

模仿别人的动作且很快就能做一些力所能及的事情，例如挤牛奶或揉面。她不仅学会靠摸别人的脸或衣服来识别对方，还能靠闻不同的植物和触摸地面来辨别自己在花园的位置。

当然，对于一个聋盲人来说，要脱离黑暗走向光明，最重要的是要学会认字读书。而从学会认字到学会阅读，更要付出超乎常人的毅力。海伦靠手指来感受家庭老师莎莉文小姐的嘴的运动、喉咙的颤动和面部表情，但这往往是不准确的。她为了使自己能够准确发音，反复地练习，最终凭借自己的努力考入了美国哈佛大学的拉德克利夫学院。在大学学习时，许多教材都没有盲文本，要靠别人把书的内容拼写在手上，因此，海伦在预习功课时花费的时间要比别的同学多得多。当别的同学在外面嬉戏、唱歌的时候，她都在努力备课。

在这黑暗而又寂寞的世界里，海伦竟然学会了读书和说话，并以优异的成绩毕业，成为一个学识渊博，掌握英、法、德、拉丁、希腊五种文字的著名作家和教育家，她的《假如给我三天光明》感人至深。之后，她走遍世界各地，为盲人学校募集资金，把自己的一生献给了盲人福利和教育事业。她赢得了世界各国人民的赞扬，并得到许多国家政府的嘉奖。有人曾如此评价她："海伦·凯勒，人类的骄傲，是我们学习的榜样，相信众多的因疾病而聋、哑、盲的人都能在黑暗中找到光明。"

阴影恰好证明了阳光的存在，在黑夜中也能寻找到光明，海伦·凯勒并没有因为自己视野的盲区而遮住人生绚丽多姿的风采。原来，眼盲并不算是永别了光明。世界上没有无边的黑暗，只要拥有坚强的毅力和不惧黑暗的勇气，终究会看到黎明的曙光，这也正是追求光明的意义所在。

如果海伦·凯勒的心完全被黑夜占据，迷失在自我的沉沦中，那么即使艳阳高照，她的心仍然是冰冷的，生活是阴郁的、黑暗的，更别提做出一番有意义的作为了。也就是说，一个人心中没有了希望，也就没有了斗志，就被彻底地击败了。没有理性的照耀，才是真正的黑暗。

中国有一句古话：天无绝人之路。绝境之中往往也蕴含着机会，只要我们不绝望，不放弃，保持不灭的信心，在困境中找希望，哪怕这个希望只有万分之一，哪怕有可能只是捡到一个"苹果"，但这就是转机，是我们能否成功的关键。正可谓"幸运之神的降临，往往只是因为你多看了一眼"。

青霉素的发现就是一个典型的例子。

英国医学家亚历山大·弗莱明多年来一直在进行细菌的研究工作。他的研究对象是能置人于死地的葡萄球菌，为此需要经常培育细菌。1928年的一天，由于葡萄球菌培养基的盖子没有盖好，靠近封口的葡萄球菌被溶化成露水一样的液体，而且显示为惨白色。看来这次实验又失败了，弗莱明有些苦恼。

弗莱明刚想把这个"坏掉"的培养基扔掉，但是他又看了看，心想："这是什么物质呢？一定是有一种奇特的东西，把毒性强烈的葡萄球菌制伏了，消灭了。"于是，他对封口的泥土进行了化验和提炼，加倍仔细地观察、分析。终于，一种能够消灭病菌的药剂——青霉素被发现了，人类医疗事业由此翻开了新的一页。

巴尔扎克说过这样一句话："显赫的声名总是无数的机缘凑成的，机缘的变化极其迅速。"这并不是说幸运的机缘有多么吝啬，而是要我们善于发现机缘。这种善于便是在黑暗中寻找光明，比他人再"多看一眼",别忘了摘个"苹果"来,不放过任何一个可能,并努力将它变为一种成功。

欢乐常有,不顺心的事也不可避免。在光明下欢笑是一种本能,而在黑暗中欢笑则是一种品质。在黑夜中寻找光明,需要具有"天生我材必有用,千金散尽还复来"的豁达,需要具有"采菊东篱下,悠然见南山"的闲适。这是一种心胸之宽广,是一种力量之博大,更是一种从容的安然。

◎ 放下,刹那花开

人们之所以在感情里纠结,生活中忙碌,职场中沉浮,人生中迷茫,整日心烦意乱、劳苦负累,皆因有所牵挂、有所眷恋。人在心情不好的时候,会不自觉地把坏心情抱得更紧:或是关门不跟人说话,或是嘟着嘴生闷气,或是锁着眉头胡思乱想,结果心情只会越来越糟糕。

一个老和尚带着一个刚出家的小和尚去山下化缘,小和尚一路上都恭恭敬敬地看着师父。他们走到一条小河边的时候,看见一位美丽的少女在那里踌躇不前。由于穿着丝绸的罗裙,无法跨步走过浅滩,少女便请求和尚们背自己过河。

老和尚毫不犹豫地背起这个少女下了水,蹚过湍急的河水,把少女背到了对岸。放下少女后,老和尚默不作声地继续往前走。但是,小和尚再也不能安心地走路了。他一直在想,师父不是对自己说过出家人不能近女色的吗?为什么他能背着少女过河呢?

已经距离河边很远了,小和尚还在被这个问题困扰着,一直很纳闷。最后,小和尚终于忍不住了,问老和尚:"师父,你不是说我们出家

第三辑 做快乐的人
——阳光的心态，才能拥有阳光的人生

人不能近女色的吗？为什么你就能背那个漂亮姑娘过河呢？"

"呀，你说的是那个女人啊，我早已经把她放下了，你怎么还背着她呢？"师父答道。

与师父相比，小和尚显然在生活智慧上还有很大差距。他不懂得放下，一直纠结于师父背少女过河的事情，结果给自己带来了诸多烦恼。相信很多人是那个无法"放下"的小和尚。与之相反，老和尚始终明白一个道理：生活中要想获得快乐，就必须要放下这个，也放下那个！

什么是放下？放下不是一味地冷漠，不是一味地逃避，不是一味地恐惧。放下，是要从心里面去放下。放下，如果得法，就是我们最好的安心剂。生活的快乐与悲伤、生命的长度与宽度就在一收一放之间，张弛有度。

有一个女人抱着死去儿子的尸体，求佛祖让她的儿子死而复生，佛祖跟她说："请接受你的儿子死去的事实，放下吧！"

女人说自己放不下，依然央求。

佛祖从地上捡起一把干草，让女人用手拿着，然后从另一头点火。

火烧到女人手时，女人痛得把干草掉在地上，儿子的尸体也掉了下来。

佛祖说："不放下的话，你只有痛。"

繁忙的都市生活中，很多人总是抱怨活得太累、工作压力大、生活负担重、人际交往复杂，为什么会这样呢？这正是因为很多人放不下，紧抱着不好的情绪，不肯放过自己。事实上，如果我们都能够放下，便会获得轻松，获得幸福。我们无法左右命运的走向，但是可以放下心中的负担。

释怀：
如何获得内心的平静

放下，需要勇气；放下，是一种境界。放下，是痛定思痛后的清醒，是超越世俗的大智慧，是画龙后的点睛，更是经历后的平和。正如一句话所说的："握紧拳头，你的手里是空的；伸开手掌，你拥有全世界。"

因此，我们要想拥有好心情，就得从坏心情中解脱。对于那些给自己制造困扰的想法，要狠下心来把它抛开，这样就能从烦恼的死胡同中走出来，就能拥有一份好心情，进而在生活中应付自如。

在《禅意与化境》中有一则关于佛陀的传说。

一个信徒一手拿着一个花瓶，前来献佛。

佛陀对信徒说："放手！"

信徒把他左手拿的那个花瓶放下。

佛陀又说："放手！"

信徒又把他右手拿的那个花瓶放下。

然而，佛陀还是对他说："放手！"

这时，信徒说："我已经两手空空，没有什么可再放的了。请问你要我放手什么？"

佛陀说："我要你放的是你的六根、六尘和六识。当你把这些统统放手，再没有什么了，你将从生死桎梏中解脱出来。"

本自清净，无物可放，亦无物可得。烦恼是外来之物，那该放就放下吧。

心里的不快，世界的浮华纷扰，你放下了吗？

舍得，舍得，就是有舍才有得。

放下，你将解脱烦恼，享受自在人生。

放下，你将快乐淡定，心灵刹那花开。

放下，是在以另一种方式诠释着人生……

◎ 当麻烦遇到幽默……

职场失败的酸楚，人际关系的不协调，生活上的经济窘迫等，这些不如意都会给人们带来很多的烦恼。这时候，如果我们情绪上低落、忧虑，或者紧张等，那么多少都会影响到正常的思维，不能全面分析问题，从而将快乐推开得更远。

此时，为何不试着幽默一下呢？在心理防御机制中，幽默是化解痛苦的一种有效方法。很多心理学家根据多年的实验得出了这样一个心理学结论：当你痛苦的时候，用幽默的方式去理解痛苦，你会得到很多正面的解释，更容易了解痛苦的合理性，从而降低痛苦对你的负面影响。

张炜是某公司的业务代表，最近不幸患上了强迫障碍症。他在走路时总是控制不住地想跳过井盖，他非常沮丧。晚上，他躺在床上时想："遇到困难时别总垂头丧气，想件高兴事儿吧！对，想想卓别林演的电影吧。自己总强迫性地跳过井盖，就好像电影中那位男主人公一样，见到螺丝钉一样的东西就拿扳手拧，在工作时拧螺丝钉，下班去拧女士们大衣的纽扣。"当张炜想到幽默大师那么认真、幽默地表演时，止不住笑了起来，心情一下子变好了很多。

由于这种症状影响到了工作，张炜从总公司被调到了分公司。决定人事变动的经理以安慰的口吻对他说："你也用不着气馁，不久以后，我们还是会把你调回总公司的！"已经尝到幽默"甜头"的张炜毫不在乎地说道："哪里？我才不会气馁呢！我只不过觉得有像董事长退休时的心情而已。"

面对身体上的疾患和工作上的调动，任谁都无法坦然地接受，但

释怀：
如何获得内心的平静

是张炜不气馁、不暴躁，他懂得靠幽默来调节自己，从而消除了内心的郁闷，使自己以良好的心态投入生活和工作。的确，烦恼、痛苦、忧虑、紧张会影响我们的判断，而幽默恰恰可以化解这些负面影响，促使理性的回归。

乐观与幽默是亲密的朋友，生活中如果多一份乐观与幽默，那么就没有克服不了的困难，就不会整天愁眉苦脸、忧心忡忡。用幽默的心情看待人生，其实正是人们应有的生活态度。有幽默感的人，凡事理性思考，保持积极的心态，当遇到麻烦时，往往容易化险为夷。

出身穷苦的林肯曾多次经历挫败，八次竞选八次落败，两次经商失败，甚至还精神崩溃过。然而，他学会以自嘲、调侃、讲大白话等幽默方式来排解无尽的烦恼，营造内心的愉悦，不仅改变了自己的人格，也改变了自己的命运，最终成为美国历史上最伟大的总统之一。

下面是关于林肯的几件小事，我们完全可以领略其幽默的魅力。

林肯的容貌欠佳，他自己也知道这一点。一次，他和竞选对手斯蒂芬·道格拉斯进行辩论。道格拉斯指控林肯说一套做一套，是一个地地道道的两面派。林肯答道："现在，让听众来评评看。要是我有另一副面孔的话，您认为我会戴这副这么难看的面孔吗？"他的话把大家逗得哄堂大笑，连道格拉斯本人也跟着笑了起来。

林肯当上总统后，由于出身低微，总有政敌想方设法来侮辱他。在一次公开场合，他收到下面传来的一个纸条，上面写着"笨蛋"两个字。林肯瞄了一眼，知道这是有人在捣乱。他没有生气，而是笑着对广大听众说："我们这里只写正文，不记名。而这个人只写了名字，没写正文。"

林肯的妻子做了总统夫人之后，脾气愈来愈暴躁。她不但挥霍无度，还常对人大发雷霆，一会儿责骂裁缝收费太高，一会儿又痛斥杂货店的东西太贵。有一位吃尽了"苦头"的商人找林肯诉苦，林肯苦笑着说："先生，我已经被她折磨了15年了，你只需要忍耐15分钟不就完了吗？"

林肯的笑是苦恼的笑，是一种在困境中的乐观。这使得他的幽默更有感染力，也更深入人心。美国人常说："比起林肯受过的苦，我眼下的苦算得了什么？"美国人还常说："既然林肯都能够变得幽默起来，那么我也能。"幽默，是林肯一生修炼的功夫，也是其人格魅力之所在。

一位禅师曰："聪明的人懂得幽默，幽默的人充满阳光，阳光的人快乐地生活。"当生活中遇到难题时，我们不妨来一点幽默。有了幽默，我们就可以以笑来代替苦恼；借着幽默的力量，我们能使自己超越痛苦。

幽默是人们经历挫折后的一种智慧的体现，它以愉快的方式体现人的真诚、大方和善良。它是追求积极向上的人生目标所必须依靠的"拐杖"，使人能独立应付困境，战胜困难，还可能改变一个人的性格，甚至改变一个人的生活和命运。

那么，我们应当怎样培养自己的幽默呢？首先，幽默是一种智慧的表现，必须建立在丰富知识的基础上；其次，心态要积极健康，要开朗乐观，对生活充满信心与热情，为人宽容大度，不能斤斤计较；最后，要有高尚的情趣、丰富的想象，从而做到风趣、幽默，恰如其分。

「第3章」
不计较是你最大的福气

修心之路人人不同，不用比较，走自己的路就是了。至于结果如何，那都是你自己的选择。不过，快乐不是拥有的多，而是计较的少！"羡慕，嫉妒，恨！"不如"努力，奋斗，拼！"安心做自己，追寻属于自己的生活吧！生存本就不易，何苦为难自己？

◎ 倒不如蓬门僻巷，教几个小小蒙童

你买了一枚金戒指，我就要买一条金项链；你买100平方米的房子，我就要买150平方米的房子；你签了一份大订单，我就要拿下一张更大的单子；你升职为部门经理，我就要当级别更高的CEO……留心一下，生活中这种"比阔"的现象随处可见。这样的事儿，你有没有做过？

从根本上看，喜欢"比阔"、喜欢攀比未尝不是出于一种好胜之心，可以激励一个人努力追求自己尚未达成的目标。但攀比之"陋"在于人们所比的总是那些看得见、摸得着的东西，疏离精神价值，必然烦恼丛生。正如一位哲学家所说："生活之累，一半来源于生存，一半来源于攀比。"

玛丽是一位都市白领，婚后一直和丈夫租房住。后来，一位朋友买了新房，玛丽眼红心动，和丈夫吵着闹着要买房。由于资金有限，两人精挑细选后在郊区定了一套两居室的房子。住自己的房子自然舒

适又方便，玛丽心中乐开了花。

但是没过多久，另一位好朋友也买了一套房。装修好后，朋友打电话让玛丽到家里参观。朋友的房子不仅地段好，而且房子很大，里面装修也很高档，玛丽原本买到房的好心情被朋友"更好"的房子给破坏了。

再回到家，玛丽怎么看都觉得自己的房子不够好，再也没有舒适、方便的感觉了。后来，她又劝丈夫在市区买房，而且偏要和那位朋友住同一栋楼。夫妻俩为此整日发生口舌之争、身心疲惫，好好的家庭从此变得鸡犬不宁。

这就是攀比心理作祟的后果！攀比，把自己的生活重心放在别人身上，将幸福建立在与他人比较的基础之上，只要尝试过一次"更好"的滋味，就想寻求到更多的"更好"。有道是"山外青山楼外楼"，别人那里总有"更好"的，于是自己拥有的变得毫无意义，这是一个多么傻的决定。

幸好，人是能够主导自己的。面对自己和别人的差距，假如我们能够摆正自己的心态，学着不计较，就能很大程度上减少内心的不平衡，获得内心的满足感。要知道，每个人都是一个完全不同的个体，人与人之间的差异永远存在。因此，根本不具可比性，比或被比，都不是寻找这种美好生活的正确途径。

更何况，凡事就像一个硬币，有正的一面，就有反的一面。生活也不例外，它是公平的，你得到了什么，都要以另一种方式付出代价。所谓"人人都有一本难念的经"，正是这个道理。别人的房子好，花的钱也会多，付出的辛苦自然也就越多，那就让他"更好"吧！自己不想太累，不想背负太重的经济负担，买一个舒适的就好，自己享受自

释怀：
如何获得内心的平静

己当下的惬意生活，有什么好比较的呢？

清朝郑板桥做官前后均居扬州，以书画为生。他在《道情》中写道："门前仆从雄如虎，陌上旌旗去似龙。一朝势落成春梦，倒不如蓬门僻巷，教几个小小蒙童。"这句话正是告诫我们：何必羡慕别人一时的幸运与眼前的煊赫？要知道，那种虚荣是不会长久的，还不如教书清高！

所以，当我们心情烦躁的时候，请审视一下自己：自己是否正处于比较后不平衡的心理状态下？如果是，请赶紧远离这种比较。与其攀比别人，不如汲取一些别人的成功经验，内化为自己的优秀品质，尽最大的努力过好自己的生活。你会发现，你的生活充满了愉悦、安然和幸福。

L 小姐和 M 小姐是同窗好友，L 小姐的能力及家世都好，步入社会后，事业一帆风顺，短短几年就位居某公司经理，有房有车，意气风发，神采飞扬；M 小姐虽有才能，不知是努力不够还是运气较差，几年下来工作始终不如意。

M 小姐一度眼红 L 小姐的优秀，心里不免有股怨气："哼，以后我要买比你更大的房子。""买比你更高级的车子。""我要比你更有出息。"……但是，M 小姐很快发现这种攀比令她的生活一点也不快乐，于是她开始调整自己的心态："我的房子不大，但温馨就好；我的工作平凡，但能实现自己的价值就好……""L 小姐的生活虽然值得羡慕，但这些都是她一步步奋斗出来的。"

之后，M 小姐不再与 L 小姐攀比，而是开始安心地做自己的工作，并努力培养自己的实力。她对于工作是极其认真的，稳扎稳打，最终凭借多年积累的经验、实力及资源，获得了施展的空间，事业渐入佳境。

看到了吧，幸福是属于自己的事儿，从来就好端端地在那里，不增也不减。保持平和的心态，知道自己想要什么，不和别人攀比，尽自己所能，无愧于社会、无愧于他人、无愧于自己，那么，我们的心灵圣地就一定会阳光灿烂、鲜花盛开。这是一种生活的智慧，也是一种生活的姿态。

如果你真的想比较，那么，不妨与那些不如我们的人相比。美国作家亨利·曼肯说过："如果你想幸福，有一件事非常简单，就是与那些不如你的人，与比你更穷、房子更小、车子更破的人相比，你的幸福感就会增加。"

◎ 不必羡慕玫瑰，你是一朵百合

有这么一则寓言故事。

猪说，假如让我再活一次，我要做一头牛，工作虽然累点但名声好啊；牛说，假如让我再活一次，我要做一头猪，吃罢睡，睡罢吃，活得赛神仙；鹰说，假如让我再活一次，我要做一只鸡，渴有水，饿有米，住有房，还受人保护；鸡说，假如让我再活一次，我要做一只鹰，可以遨游天空、云游四海。

这是一种很有意思的现象，可谓风景在别处。现实生活中，不少人总是不由自主地羡慕别人所拥有的东西，小孩仰慕大人的成熟稳重，大人喜欢孩子的天真无邪；女孩羡慕男孩坚强勇敢，男孩也会偷偷羡慕女孩的娇俏灵动……

殊不知，每个人在这个世界上都是一朵独一无二的花。每一朵鲜花都以自己独特的姿态展现在人们的面前。如果你是一朵百合，那么不必羡慕玫瑰。的确，玫瑰有玫瑰的娇艳，但百合也有百合的清淡，

释怀：
如何获得内心的平静

两者没有可比之处，两者都是可爱的，没有必要互相羡慕，不是吗？

更何况，每个人都不是如我们想象的那么美好，不是如我们眼中看到的那么光鲜。每个人都是在理想和现实的差距中努力、挣扎、痛苦着，又都不愿让别人看到自己弱的一面，不愿让人觉得自己活得比别人差，所以展示在别人面前的大多只是美好的一面。要是你和别人能够互换一下的话，会不会就真的快乐了呢？未必！

在河的两岸分别住着一个和尚与一个农夫，和尚每天看农夫日出而作日落而息，生活非常充实，相当羡慕。而农夫看和尚每天无忧无虑地诵经敲钟，生活轻松，也非常向往。因此，他们心中产生了一个念头："到对岸去！换个新生活！"有一天他们商量一番，达成了交换身份的协议。

当农夫做上了和尚后才发现，敲钟诵经的工作看起来悠闲，事实上却非常烦琐，每个步骤都不能遗漏，更重要的是，僧侣生活非常枯燥乏味，让他觉得无所适从；而成为和尚的农夫每天除了耕地除草之外，还要应付俗世的烦扰与困惑，这让他苦不堪言。于是，他们的心中同时响起了另一个声音："回去吧！"

人们常说：没有得到的，就是最好的。其实这完全是人的心理作用，当梦醒的时候，就会发现自己的才是最好的。而且，我们在羡慕别人的时候，自己也是别人眼中的风景。如此看来，我们真的没有必要去羡慕别人，而应该感谢上天所赐予自己的一切。

静下心来吧，摆正自己的心态，多关注一下自己，学会理性地分析生活，以积极的心态迎接自己所拥有的，用欣赏的眼光享受当下的美景。你会发现，自己原来如此的富足，进而获得心灵上的快乐和满足。

黄美廉生下来不久就被诊断出患有脑性麻痹，全身不能正常活动，

第三辑 做快乐的人
——阳光的心态，才能拥有阳光的人生

肢体没有平衡感，手足时常乱动，口齿吐字不清。就是这样一个人，却靠着毅力与信仰，取得了美国南加州大学艺术学博士学位。黄美廉还在中国台湾举办过多次画展，并通过分享自身经历帮助他人。

有一次，黄美廉应邀到一个场合"演写"（不能讲话的她，必须以笔代口）。会后发问时，一个学生当众小声地问："你从小就长成这个样子，请问你怎么看你自己？你都没有怨恨吗？"对一位身有残疾的女士来说，这个问题是那样的尖锐而苛刻，在场人士无不捏一把冷汗，生怕会深深刺伤黄美廉的心。

但是，黄美廉却不介意，只见她回过头，用粉笔在黑板上吃力地写下了"我怎么看自己？"这几个大字。她笑着再回头看了看大家后，又转过身去继续写着：

一、我好可爱！

二、我的腿很长很美！

三、爸爸妈妈这么爱我！

四、上帝这么爱我！

五、我会画画！我会写稿！

六、我有一只可爱的猫！

七、还有……

忽然，教室内鸦雀无声。黄美廉又回过头来静静地看着大家，再回过头去，在黑板上写下了她的结论："我只看我所有的，不看我所没有的。"众人安静了几秒钟后，全场响起了雷鸣般的掌声。

在旁人看来，黄美廉是那么不幸的一个人，为什么她却一点也没有觉得自己不幸呢？一句话可以解开其中的奥秘："我只看我所有的，不看我所没有的。"正因为她从来不羡慕别人的生活，只关注自己所拥

有的，生活在自己的天地里，才能不受外界的干扰，也才能取得如此显著的成就。

"玫瑰就是玫瑰，百合就是百合，只去看，不要攀比。"不要再去羡慕别人，好好感谢上天给你的恩典，接受它且善待它，守住自己所拥有的，并用适当的方式来告诉人们"我活得很好"，这是一种乐观而自信的心态。

不去羡慕别人，你的内心将变得豁达开朗、通达自在；不去羡慕别人，你的日子就会变得悠然平静、从容不迫；不去羡慕别人，你才会找到自己的生活，过好你自己的日子。无论你是玫瑰还是百合，不必羡慕别人的美丽，用心做好自己，终会有花团锦簇、香气四溢的一天。

◎ 我辈岂是蓬蒿人

每一个生命都以独特的姿态存在着，展示着自己独特的个性，彰显着自身独有的意义。然而，有些人却不懂得这个道理，他们亦步亦趋地效仿他人，希望自己能生活得像别人，结果呢？只会失去自己，得不偿失。

东施效颦的故事，相信大家都听说过。

春秋时期，越国之女西施有倾国倾城之貌，无论是她的举手投足，还是她的音容笑貌，样样都惹人喜爱，不管走到哪里，都有很多人向她行"注目礼"。西施的邻居是一个名叫东施的丑女子，相貌难看，却一天到晚做着当美女的梦。无论是在服饰方面，还是发式方面，她总是刻意地模仿西施，但是仍然没人说她漂亮。

第三辑 做快乐的人
——阳光的心态，才能拥有阳光的人生

西施患有心口疼的毛病。一天，她又犯病了，只见她手捂胸口，双眉皱起，反而流露出一种娇媚柔弱的女性美，更加楚楚动人了。当她从乡间走过的时候，乡里人无不睁大眼睛注视着她。见此，东施便学着西施的样子，但是手捂胸口的矫揉造作使她更难看了，人们看到她就像见了瘟神一般，远远地躲开了。

东施效颦为什么惹人讨厌，就是因为她盲目效仿，把西施的形象生硬地搬到自己身上。或许东施本来不丑陋，但因为她扭曲自己的个性，一味地去模仿别人，丧失自我，惺惺作态，矫揉造作，终成为一个什么都不是的丑女。

当今社会发展日新月异，快速的生活节奏和巨大的生活压力使得很多人越来越迷茫，目标变得模糊，不知道自己是谁了。于是，一大批的现代"东施"出现了。他们盲目崇拜，简单模仿，喜欢跟风，就像墙头的青草一样，哪里风大哪里倒，一点自己的主见都没有，人云亦云，堪比附庸。

盲目地模仿别人，表面上看起来只是个人的性格问题，其实它会给你的生活、事业套上无形的枷锁。因为，你失去了信心，失去了用自己的头脑思索问题并作出人生抉择的能力，必定会失去自我，正如卡耐基的一句话："整日装在别人套子里的人，终究有一天会发现，自己已变得面目全非了！"

事实上，我们每个人都有自我价值和社会价值，都有自己的独特性。正如阿伦·舒恩费教授所说："对于这个世界来说，你是全新的，以前从没有过，从天地诞生那一刻一直到现在，都没有一个人跟你完全一样，以后也不会有，永远不可能再出现一个跟你完完全全一样的人。"

释怀：
如何获得内心的平静

上天造人各不同，人既有独特性，也有差异性，这是大自然的法则，也是大自然的规律。更重要的是，这种差异性也是大千世界丰富多彩之所在。倘若天下万物都是一般模样，人间大众都是一个形状，那么，这个世界岂不是死气沉沉，如同朽木一般。

我们应该庆幸，我们是这个世界上独一无二的个体，我们有着其他人不具备的天赋和能力。所以，我们完全没有必要去羡慕别人，去嫉妒别人，更没有必要去模仿别人。我们要保持自我、完善自我。只有如此，我们才能够活出一个真实的自我，捍卫自己独一无二的地位。

对于这个道理，库莎历尽波折才明白。

库莎的妈妈很守旧。她认为库莎一定要像自己一样贤惠，做一个传统意义上的家庭主妇。因此，库莎一直在跟着妈妈学习穿衣打扮、为人处世，但她总觉得自己不被人喜欢。后来，库莎嫁给了一个比自己年长几岁的男人而且婆家家庭和睦。库莎也想做得和他们一样好，但就是做不到，不是表现得太活跃，就是感到无比沮丧。她认定自己是一个失败者，变得喜怒无常，甚至想到了自杀……

但是，库莎没有自杀，她倒像是真的变了一个人。这一切，都源于她与婆婆的一次偶然间谈话。婆婆谈到自己带孩子的经历时，对库莎说道："无论发生什么事，我都让他们坚持做自己。""坚持做自己"——终于，库莎从困惑中明白了，原来自己一直都在勉强扮演一个并不太适合自己的角色。

看到了吧，库莎刚开始之所以活得不够坦然，就是因为她从小跟着妈妈学习穿衣打扮、为人处世，后来又总想尽可能地像婆家人一样，她一直在扮演并不太适合自己的角色。之后，她坚持做自己，当她找到自我价值时，她的自信自然就有了，生活也就安然了。

你就是你，没人能够代替你，你也无法替代别人。即便你模仿得很像，那也是别人的荣誉，而不是你的。只有充分认识到自己是独一无二的，才有可能增强自信心，活出一个真实的自我。"天生我材必有用""我辈岂是蓬蒿人"等千古名句阐释的也正是"人各有才，坚持自我"的道理。

相信自己就是最棒的，敢于展示真实的自己，而不是刻意地去模仿别人。也许你没有漂亮的脸蛋，但是你有优美的嗓音；也许你没有窈窕的身材，但是你有一颗善良的心。总之，你是独一无二的，是无可替代的。尊重上苍给你的才能，这才是真正适合你的，也是只属于你的美丽！

◎ "石佛"的定力

生活中，我们常常会不自觉地在乎别人的眼光。为了得到别人的赞赏，我们可谓费尽心机：猜测别人的想法，猜想别人的评判……并小心翼翼地行事，唯恐别人指责。以别人的标准来衡量自己的人，无非是想通过听取别人的意见来获得更为和谐、更为良好的人际关系。

这本无可厚非。但是，你要知道，每个人的利益是不一致的，每个人的主观感受也是不同的，即使我们千般小心万般在意，也照样会有人不满意，难以赢得所有人的欣赏。如果为此费尽心机，小心翼翼地行事，很容易搅乱自己的心，失去应有的目标和方向。如此没有自我的生活是索然无味的，苦不堪言的。

有一个公司职员，他一心一意想升官发财，可是从风华正茂熬到斑斑白发，却还只是一个不起眼的小职员。这个人整天郁郁寡欢，每

释怀：
如何获得内心的平静

次想起自己的一生就掉眼泪，有一天竟然号啕大哭起来。

一位新同事刚来办公室工作，觉得很奇怪，便问他到底为何如此难过。他回答道："唉，你有所不知。年轻的时候，我的上司爱好文学，我便学着作诗、写文章。想不到刚觉得有点小成绩了，却又换了一位爱好科学的上司。我赶紧开始研究物理，不料上司嫌我学历太浅，还是不重用我。后来，换了现在这位上司，我自认文武兼备，人也老成了，谁知上司喜欢青年才俊，我……"

"我一直想得到上司的欣赏和重用，为上司们活了一辈子，但是……"说着，这个人又禁不住地哭泣起来，"如今我年龄渐高，过不了几年就要退休了，却一事无成，你说我怎么不难过？"

这位职员因为在乎上司的眼光，处心积虑地为每一位上司而活，一段时间学作诗、写文章，一段时间研究物理……最终还是没有获得重用，得到的只是懊恼和羞愧。即便他最后获得了上司的重用，他的内心也不会感到轻松、快乐，因为他已经不清楚自己内心的真正追求了。

更何况，在日常生活中，总有那么一些人自己不做事，见别人做事还不舒服，"恨人有，笑人无"。你不做事，他说你没能耐；你做事，他说你逞能；你搞经济，他说你不懂政治；你不喜欢赌博，他说你性格孤僻、脱离群众。好也不是，坏也不是，那张嘴反正都是理，这是人性中的弱点。

所以，对于别人的评论，我们应当学会释然。无论是在哪种场合，无论我们是否美若天仙，我们都不必活在别人的世界里，处处担心别人怎么想自己、怎么看待自己，而应该在意自己想什么、怎样才能做好自己。当你学会了释然，你就能体会到什么才是真实的、无忧无虑

第三辑 做快乐的人
——阳光的心态，才能拥有阳光的人生

的生活。

一天，一位妇人到服装专卖店，花了几百元买了一套名牌内衣。有人问她，买这么高档的内衣穿在里面，别人又看不到岂不可惜？她淡淡地回答："我穿衣服是为了自己舒服、自己高兴，又不是给别人看的。"

"我穿衣服是为了自己舒服、自己高兴，又不是给别人看的。"只要自己穿着舒服，穿得舒心，完全没有必要在乎别人的眼光，计较别人的看法。内心淡然恬静，坦然自若，安心做好自己，这种定力是相当重要的。

蒂姆·邓肯是 NBA 史上第一前锋，曾是美国马刺队的当家球星。他有一个绰号叫作"石佛"。人们之所以叫他"石佛"，一是他的表情总是严肃冷峻的；二是他总是处事不惊，坚持自己的追求。他从不在乎别人说什么，在赛场上发挥稳定、少有起伏也正是邓肯最大的特点。

有段时间，美国各篮球俱乐部进行全国总决赛，由于缺少了湖人大腕球星的身影，电视收视率大幅下降。有记者提问马刺队是不是"收视毒药"，邓肯并不在意，"我们不在乎这个，马刺队一心只想赢球。拿下总冠军，这才是最重要的。我的目标就是获胜，至于其他的，随别人怎么想"。

有人指责邓肯的球风过于朴素、性格太过沉闷、赛场毫无激情可言，但这丝毫不影响邓肯的士气和信心。他指出："我只是在按照正确的方式打球，我只是每年接受挑战，我不需要引起别人的注意。"十几年如一日，他兢兢业业、勤勤恳恳、任劳任怨，低调且沉稳，最终用自己的努力证明了自己的实力。

"随别人怎么想！"这句话说得真好。还有一句话说："20 岁时，我们顾虑别人对我们的想法。40岁时，我们不理会别人对我们的想法。60岁时，我们发现别人根本就没有想到我们。"这并非一种消极态度，因为大多数人都有自己的事情要做，并没有多少时间把注意力集中在我们身上。

比如，你在大街上当众不小心摔了一跤，惹得路人哈哈大笑。你当时一定很尴尬，认为全天下的人都在看着你。但是你如果站在别人的角度考虑一下，就会发现，其实这件事只是他们生活中的一个小插曲，甚至有时连插曲都算不上。他们顶多哈哈一笑，然后就把这件事忘记了。

记住，唯有你才是自己的主人，也唯有你对自己的人生有决定权。不必在意别人冷漠的表情和窃窃私语；不必费心去猜测、琢磨别人怎样评价你，安心地做好自己，让心灵自在飞翔，生活也就跟着轻松了、愉悦了。

◎ 没错，我就是黑桃A

"嗨，我算老几呀？"我们不难听到这样一句发自肺腑的话。在这些说话人的心中，站在自己前面的人太多了，自己真的不知道是第几。尤其是看到那些光鲜亮丽的人，总觉得自己如丑小鸭一般，绝不可能有成功的机会。可是，你想过没有——一个连自己都不知道自己是第几的人，又有谁会看重他呢？

事实上，看轻自己的人，无论对待什么事情都没有自信。这等于藐视自己的能力，也是对自己的一种"侮辱"。因为，这个世界上不存在绝对不可能的事情，能否成功，关键在于是否能够爆发自身潜能。

第三辑 做快乐的人
——阳光的心态，才能拥有阳光的人生

如果你希望活得快乐、活得安然，就要学会相信自己，相信自己就是第一！

看一看下面这个故事，相信你会明白为什么自信那么重要。

小时候，基安勒随父母移居到美国，由于家境贫困，从此他过起了悲惨的童年生活，痛苦和自卑一直笼罩着他。有一天，他忍不住质问父亲为什么他们会这么穷。他那碌碌无为的父亲告诉他："认命吧，孩子，你将一事无成。"这个说法令他十分沮丧，他不知道自己的出路在何方。直到有一天，母亲告诉基安勒："你要永远记住，世界上没有谁跟你一样，你是独一无二的。"母亲的话燃起了基安勒心底的希望之火。从此，他认定自己就是第一，没人比得上他。

当第一次去应聘时，基安勒没有交出自己的名片或者简历，而是递上一张黑桃A。黑桃A在他们的国家代表了最大和最强。当时，老总怔了一下，然后直盯着他的眼睛，问他："你是黑桃A？"

"没错。我就是黑桃A！"基安勒也注视着老总的眼睛。

"为什么是黑桃A？"老总的目光有些咄咄逼人了。

"因为黑桃A代表第一，而我刚好是第一。"基安勒迎着老总的目光，毫不回避。

就这样，基安勒被录用了。

之后，基安勒每天睡觉前都要重复说几遍："我是第一，我是第一。"日复一日，这种鼓舞性的暗示增强了他的信心和勇气。他成功了，而且是真正的世界第一。他一年推销1425辆车，创造了吉尼斯纪录。

基安勒为什么能够从一个默默无闻的穷小子一跃成为世界富翁？秘诀就是自信，是自信贯穿于他的事业，奠定了他成功的基础。你敢不敢像基安勒那样，对别人大声地说"没错，我就是黑桃A""我是

释怀：
如何获得内心的平静

第一"？

分析许多人失败的原因，不是因为天时不利，也不是因为能力不济，而是因为自我心虚，怀疑自己的能力，总觉得自己这也不是，那也不行。马克思说："伟大人物之所以看起来伟大，只是因为我们在跪着，站起来吧！"自卑正是使你下跪的原因，而跪着的你，并不是你真正的高度。

是啊，站起来吧！不论出身贵贱、才干大小、天资高低，成功都取决于坚定的自信心。无论何时，相信自己的能力，相信自己最棒，相信"我是黑桃Ａ！"不管能否成为现实，在意识里播种"我是第一"的信心，这样，我们的个性就会真正成熟起来，我们的能力就能得到最大限度地发挥。

世界上本没有什么可以倚仗魔力获得成功的人，谁也不是天生的伟人。开始时，其实所有人都在同一条起跑线上，只是那些成功的人总是愿意相信自己，先坚定自己必胜的信心，并主动展现自己的能力，最终取得辉煌的成就。这正印证了爱默生的一句名言："相信自己'能'，便攻无不克。"

从20世纪初开始，很多人都渴望完成一个看似不可能完成的目标：在4分钟内跑完1英里。1945年，瑞典人根德尔·哈格跑出4分1秒4的成绩，此后的8年里没有人能够超越他创下的成绩，而且所有人都认为自己做不到。

在这沉寂的8年中，就读于牛津医学院的罗杰·班尼斯特却始终梦想着突破4分钟极限。他是一个不服输的人，也坚信自己能够做到，他不停地提高跑步速度。终于在1954年，罗杰·班尼斯特超出了所有人的意料，跑出了3分59秒4的成绩，打破了关于"极限"的这个概念，书写了新的世界纪录。

面对 8 年无人打破的"极限",班尼斯特与常人不同的是,他多了一份"我能够成功"的积极信念。这促使他不停地提高跑步速度,最终得偿所愿。试想,如果班尼斯特内心的信念是虚弱的,潜意识中认为自己不行,无法超越纪录,那么即便他具备了能力,恐怕也会因为不自信而失败。

当然,"我是黑桃 A"不是夜郎自大、得意忘形,更不是毫无根据地自以为是或盲目乐观,而是指在无人为你鼓掌的时候,给自己一点鼓励;在无人安慰你的时候,为自己擦掉泪滴;在自惭形秽的时候,给自己一点自信。认识到自己的价值,就不会随意地贬低自己,也不会感到压力重重。

下次,假如有人问你:"你是不是第一?"你该怎样回答?如果你渴望成功,并且意识到需要在头脑中播种争当第一的信念,就回答:"当然是第一!"为什么一定是第一呢?很简单,因为你本来就是第一。在心里多念几次,慢慢地你一定会发现,自己真的很棒了!人生也变得更美好!

◎ 演好自己,你,就是主角

什么是最成功的人生呢?这个概念实在过于抽象。但唯有一点必须坚信不疑,那就是,成功的人生并不在于你获得了多少东西,也不在于你一定要做得比谁更好,而在于你必须做好自己,体现出自己的人生价值。

下面这则寓言故事也许能说明问题。

释怀：
如何获得内心的平静

一只大猫看到一只小猫在追逐它自己的尾巴，于是问："你为什么要追逐自己的尾巴呢？"小猫回答说："我了解到，对于一只猫来说，最好的东西便是幸福，而幸福就是我的尾巴。因此，我要追逐我的尾巴，一旦我追逐到了，我就会拥有幸福。"

"傻孩子，"大猫说，"在年轻的时候，我也曾经认为幸福就在尾巴上。但后来我发现，无论我什么时候去追逐，它总是逃离我，于是我放弃了。结果呢？当我着手做自己的事情的时候，才发觉无论我去哪里，它都会跟在我后面。"

看到了吧，获得幸福的最有效的方式就是避免去追逐它，不向别人要求它。或许，你现在做得不够好，觉得自己与成功还有千里之遥；或许，你现在做得很好，觉得自己还想再做得更好。但是，不如自己也好，超越自己也好，成功的标准不高也不低，只需要你做好自己。

的确，戏剧小人生，人生大舞台。每个人，都是人生舞台上的演员。每个人，都是在人生舞台上扮演自己的角色。无论你是光彩照人的大人物，还是默默无闻的小人物，这些都不重要，重要的是你要演好自己。只要你发挥了自己最大的优势，就能让自己精彩，给人留下印象。

莉莎今年只有 8 岁，非常热爱表演。有一天，学校要排演一个大型的话剧《圣诞前夜》。莉莎感觉自己的机会就要来了。在爸爸妈妈的鼓励下，莉莎参加了面试。她原本以为，自己会成为主角，然而令她没想到的是，自己只是扮演一只小狗。回到家，莉莎无比失望，连晚饭也不想吃。

妈妈看到莉莎的样子，心里也很难受，便和她聊天："莉莎，你得到了一个角色，不是吗？"莉莎红着眼："妈妈，你别安慰我了，我只能演条狗，只能汪汪叫！"妈妈看着她，严肃地说："你为什么会有这种想法？其实，你不要看不起这个角色，你完全可以用主角的心态去演戏。你只有投入进去，才能够演好，即使角色只是一条狗，你也可以成为主角。只要拥有主角的心态，你就是主角。"莉莎听了妈妈的话，一个人对着镜子喃喃自语："对啊，其实我需要的是一个上台的机会，而不是一定要当主角！那条小狗，我不该看不起的，毕竟那就是我。"

从这以后，莉莎再没抱怨过什么，转而全身心地投入排练。很快圣诞节到来了，尽管莉莎不是主角，可是她用心地表演，赢得了所有人的掌声。甚至，她的精彩已经盖过了主角，所有人都被她那精彩的演技折服了。那个夜晚，几乎所有的人都记住了那条汪汪叫的"小狗"，莉莎激动得热泪盈眶。

虽然扮演的只是一条汪汪叫的小狗，但是莉莎用心的表演赢得了所有人的掌声。生活中，如果我们像莉莎那样努力，带着主角的心情去生活，把自己当成是主角，那么，我们就会发现——自己正是那个被羡慕已久的主角。

有的人一生也没有住过豪华别墅，一辈子也没拥有过香车美女，但是，他们一直踏踏实实地做自己，体现出了自己的人生价值，在回忆此生时觉得无怨无悔，自己的口碑在朋友圈中极好。这不也算是一种成功吗？他们没有在金钱、权利上有所收获，但他们收获的是整个人生。

卡耐基曾经说过一段耐人寻味的话："发现你自己，你就是你。记住，地球上没有和你一样的人……在这个世界上，你是一种独特的存在。你只能以自己的方式歌唱，只能以自己的方式绘画。不论好坏与否，你只能耕耘自己的小园地；不论好坏与否，你只能在生命的乐章中奏出自己的音符。"

释怀：
如何获得内心的平静

每个人每天都在奔波劳碌着，所追求的应当是自我价值的实现以及自我完善。所以，我们不该为自己是他人眼中的主角就洋洋得意；也不要为别人的轰轰烈烈而无地自容；更不要为自己的平平常常而妄自菲薄。你就是自己人生的主角，只要能够尽心演好自己的角色，就是一种快乐，就是一种成功！

农民是幸福的，因为沉甸甸的稻穗；

工人是幸福的，因为飞溅的钢花；

园丁是幸福的，因为绽放的花朵；

演好自己的角色，生命就会更美好。

第四辑

做幸福的人

「 爱与感恩，
是生命中最美好的情感 」

「第1章」
让身心安住在当下

过去是不可改变的,将来又无法捉摸,我们唯一能把握的只有现在。放下对过去的牵挂,放下对未来的执着,把当下的每一分每一秒活得充实,让今天充满优美和尊严,明日的我们何尝不会破茧成蝶,飞翔于鲜花和阳光之中?活在当下,聆听生命,便活出了幸福。

◎ 普雅花:等待100年的花开

现代生活中,等待随处可见。比如,当你兴致勃勃地去饭店吃饭,遇到慢吞吞的上菜速度,你只能一筹莫展地等待;当你开车遇到红灯的时候,你只得无可奈何地等待;当你去超市购物的时候,前面已经排了很多人,你不得不耐心地等待。

无论是哪一种,等待往往使人有一种莫名的烦恼。这种烦恼中含有对他人的怨恨,对生活的抱怨,因此,有人祈祷时间过得快一点,希望永远没有等待。殊不知,没有了等待,生活也就失去了原本的意义。

从前,有一个年轻人与女朋友约会。他早早地来到一棵大树下,左等右等就是不见女友的影子,于是长吁短叹起来。突然他的面前,出现了一个天使。天使送给他一样东西,只要按一下按钮,就可以跳过所有等待的时间。

年轻人试着按了一下按钮,女朋友立即出现在他面前。他想,现在举行婚礼该多好,于是又按了按钮,紧接着出现了热闹的婚礼场面,

释怀：
如何获得内心的平静

他与女朋友正手挽手向来宾鞠躬。要是现在就有了孩子多好，于是，他的想法又实现了。他飞快地按着按钮，又有了孙子、重孙子，一眨眼工夫就儿孙满堂了。

一时之间，心中的愿望不断地超前实现了，可此时的他却是老态龙钟、卧病在床，死亡的恐惧深深地包围着他。一直追求快点实现自己的愿望，很多东西没有享受就已经过去了。这时，他才明白，在生命中，即使等待也有很大的意义。

你还害怕等待吗？好好享受等待吧。

一篇文章里描写过这样一种花：在南美洲一个海拔4000多米、人烟稀少的地方，生长着一种花叫作普雅花，花开之时美丽至极。这种花的花期只有短短两个月，而且百年才能开一次花。它总是静静地伫立在高原之上任凭雨打风吹，等待着100年后生命绽放时的惊天一刻，等待着攀登者的眼前一亮！

对普雅花来说，等待是一种美丽，对于人来说不也是吗？人们缺乏的正是这种等待精神。那些好高骛远的人过于看重成功，却忽略了成功前的努力和等待，如果没有之前的努力和等待，哪来的成功呢？毕竟，成功是一个奋斗的过程而不是结果，人生更是如此，重要的是过程。

你看，飞舞的蝴蝶是美丽的，那是因为曾经在厚厚的茧壳中的蛹在黑暗与无助的寂寞中默默地等待并挣扎，才为自己迎来了这份自由灿烂的美丽；鲜艳的花朵是美丽的，那是因为泥土中的种子在寂寞的时光中悄然地舒展着生命，等待着温柔的春风与细雨，给它有了重生的希望。

不过，生活中也有这样一种人，他们在等待中既不会烦躁也不会

第四辑 做幸福的人
——爱与感恩，是生命中最美好的情感

绝望。他们会将等待看成是一种体验，在等待的时间、空间里去做、去看、去体会一系列可以享受的东西。而对那时的他们而言，等待就不是痛苦的煎熬，而是一种别样的享受，是从各方面享受生活的难得一刻……

有一次，凯·本从偏远的农村搭车到城市，车到途中忽然抛锚。那时正值夏季，午后的天气闷热难当，着实让人着急。凯·本询问司机后得知车子修好要用三四个小时，便独自步行到附近的一条河边。

河边清静凉爽，风景宜人。凯·本在河中畅游了一番之后，感到浑身的暑气全消、心清气爽。之后，他躺在一片树荫下，迎着和煦的风，看着蔚蓝的天，听着婉转的鸟鸣，觉得此刻美妙极了。最后，他又美美地睡了一觉。

等凯·本回来后，司机已经将车子修好了。此时已近黄昏，凯·本搭上车，趁着黄昏凉爽的风，直向城中驶去。尽管耽误了半天的时间，但是凯·本逢人便说："这是我平生最美妙、最愉快的一次旅行！"

在汽车抛锚又不能及早修好的情形下，别人可能会顶着烈日、气恼地抱怨车子怎么不能提早一分钟修好；凯·本则利用这段时间安心地在河边享受了一番，如此，这次旅行变成了最愉快的一次。等待的妙处由此可见一斑。

等待不是消磨时光、无所作为、庸庸碌碌，而是把握时机、审时度势的一种智慧；等待是暂时忍耐、苦中作乐的一种胸怀。懂得等待、享受等待的人是睿智的，更是幸福的。等待是一种美丽的坚持，希望到来之前是等待，希望到来之后还是等待，因为那时又有了一个新的希望，而希望是生活的源泉和动力。

释怀：
如何获得内心的平静

《希望井》中有这样一段话："掉落深井，我大声呼喊，等待救援……天黑了，黯然低头，才发现水面满是闪烁的星光。我在最深的绝望里，遇见最美丽的惊喜。"作者用诗意盎然的语言写出了耐人寻味的哲理：人生不会一马平川，也不会总是春风得意，任何时候都有可能出现困境，这时候的你应该学会等待。在等待中，你也许会发现生活的另外一个境遇，遇见不期而遇的美丽。

梅斗霜雪，独立寒枝，那是在等待春天；雨声萧萧，花木入梦，那是在等待晨曦；孤云出岫，一无所系，那是在等待彩虹……等待，是一幅山水画，几经描绘，静心欣赏，才能感受到它的美丽。等待，是一杯香茗，精心泡制，细细品味，才能品尝到它的清香。愿我们学会等待，享受等待。

◎ 人生没有"假如"

人到一定年纪，总会怀念以前的一些事情，反思自己的人生，也会后悔当年干了什么、没干什么。我们常常听到类似这样的感慨：假如一切可以重新开始，我会做得很好；假如时光可以倒流，我会好好把握；假如再给我一次机会，我会尽力争取……我们太希望得到"假如"的垂青了，可是这只不过是一厢情愿而已。

人生是一次不能抗拒的前行，我们走的每一步都是现场直播，从起点到终点都是不可重复的。人生是没有假如的，很多东西"过了这个村，就没这个店"了，已经不能挽回了，再也找不回来了，只有继续前进。所以，"假如"只会劳心费神，甚至可能导致更多更大的不幸。

话说回来，就算真有"假如"，我们的生命可以从头来过，我们

第四辑　做幸福的人
——爱与感恩，是生命中最美好的情感

的人生可以重新开始，当初在选择道路的时候，选择另外一个岔路口，那么，我们的生活会不会更加精彩？我们的人生会不会更加完美？未必！

《蝴蝶效应》是一部著名的美国电影。这部电影有一个精妙构思——男主角埃文具有穿梭时空的能力。这为他提供了可以反悔的机会，于是他决定回到过去，去修正已经发生过的事实。然而，埃文一次次跨越时空的更改，却越来越招致现实世界的不可救药。一切就像蝴蝶效应一般，牵一发而动全身，出现了防不胜防的意外。他挽救了心爱女友凯丽的生命，却失手打死了凯丽的弟弟汤米，面临牢狱之灾；他回到了爆炸那天，将靠近信箱的母子扑倒，自己却变成了失去双臂的残疾人，母亲也因此染上了烟瘾，得了肺癌，凯丽则成了别人的女友……

这部电影告诉我们，其实人生若真有"假如"，我们可以重新选择人生的话，一切也许并不如我们所想象的那样美好。因为人生是不可能停留的，主客观情势都在不断变化，此时已不是彼时，此人也非彼人。

人生没有那么多"假如"，过去的已经成为历史。你可以设法改变以前所发生事情产生的后果，但不可能改变之前发生的事情，唯一的办法就是"不为打翻的牛奶哭泣"，爬起来拍拍身上的灰尘，重新走上人生的旅途。

让我们分享一个故事吧，名字就叫"不为打翻的牛奶哭泣"。

戴尔·卡耐基事业刚刚起步的时候，在美国密苏里州举办了一个成人教育班，并陆续在各大城市开设了分部。由于没有经验又疏于财务管理，在投入很多资金用于广告宣传、租房、日常的各种开销之后，他发现，虽然这种成人教育班的社会反响很好，但自己一连数月的辛苦劳动竟没有挣到钱。

释怀：
如何获得内心的平静

卡耐基为此很是烦恼，他不断地抱怨自己疏忽大意。这种状态维持了好长时间，他整日闷闷不乐、神情恍惚，无法进行刚刚开始的事业。后来，他只好去找中学时代的生理老师乔治·约翰逊，向他寻求心灵上的帮助。

听完卡耐基的话之后，老师意味深长地说："是的，牛奶被打翻了，漏光了，怎么办？是看着被打翻的牛奶哭泣，还是去做点别的。记住，被打翻的牛奶已是事实，没有可能再重新装回瓶子里，我们唯一能做的就是吸取教训，然后忘掉这些不愉快。"

老师的话让卡耐基醍醐灌顶，苦恼顿时消失，精神也为之振奋。他说："我拒不接受自己遇到不可改变的情况时像个蠢蛋不断做无谓的反抗，结果带来无眠的夜晚，把自己整得很惨；终于我不得不接受自己无法改变的事实，重新投入热爱的事业。"后来，卡耐基成为美国著名人际关系学大师，美国现代成人教育之父，被誉为20世纪最伟大的成功学大师。

是啊，人生不可能总是一帆风顺，很多事情是经历之后才明白的，这就是成长的代价。我们与其沉浸在过去里抱怨、后悔，用忧虑来毁灭自己的生活，不如"不为打翻的牛奶哭泣"，吸取这次的教训，然后便把它忘记，开始注意下一件事。对此，著名的文学家刘墉也曾经说过："人生在世，我们可以转身，但不必回头，即使有一天发现自己错了，也应该转身，大步朝着对的方向前进，而不是一直回头埋怨自己的错误，陷在痛苦的泥潭里不能自拔。"

不要被过去的事情所影响，着眼于现在和将来，不要去苛求什么，也不必去奢望什么，将"假如"改成"下一次"，下一次我一定要如何如何，下一次我一定会做好的……这样才能阻止"假如"的事故继续重演下去，走向成功，走向幸福，走向安然。

最后，让我们铭记普希金所说的一段话吧："这一切终将过去，都将变成亲切的回忆。这一切，只不过是黎明前的黑暗，是历史上的一页。虽然我们身处黑暗，但是黎明总要播撒光明，历史也要翻开新的一页。现在的一切都将过去，而未来是搁笔待写的空白，需要我们去填写。"

◎ 一天的难处，一天担当就够

现实生活中总有一些人，他们会情不自禁地为明天各种各样的事务忧虑不安，一串串的思绪在大脑中东飘西荡："明天早上我能够准时醒来吗？""明天我生了重病怎么办？""明天我遭遇意外怎么办？"……

殊不知，烦恼并不像存折上的钱，我们支出来一点就会少一点。明天的事情该来的还是会来，今天的忧虑并不能够改变明天的状况。如果我们总是为明天忧虑，除了徒增烦恼、压力外，根本不会有幸福而言。

有一个医科专业的大学生，临近毕业时，他的生活中充满了忧虑："毕业后我该做些什么事情？该到什么地方去？""我能找到工作吗？万一找不到，我怎样才能谋生？""我是不是该自己创业，那创业会不会很艰难？我能坚持下去吗？"……这些想法令他整天愁眉苦脸、寝食难安。

后来，导师发现了这一问题，找到这位大学生，意味深长地说："清扫落叶是一件极为辛苦的差事，昨天扫得很干净的院子，明天还是会落叶满地，因为只要一起风，树叶就会落下来！傻孩子，不管你今天用多大的力气，还是要扫明天的落叶。明天的事情明天再想，让自己

释怀：
如何获得内心的平静

轻松一些吧！"

听了导师的话，大学生恍然大悟。

生活在繁华都市之中，哪个人没有忧虑呢？没有人能真正做到无忧无虑，但"车到山前必有路，船到桥头自然直"。不要想太多有关明天的事，做好了今天就是为明天做准备，等明天的烦恼真来了再去考虑也为时不晚，"不要为明天忧虑，明天自有明天的忧虑，一天的难处一天担当就够了！"

也许很多人会说：人无远虑，必有近忧，为明天做计划是一种理智。是的，人是应该对明天有所计划，可是如果计划变成了对明天的忧虑，那就不是计划而是重担了，远虑也就成了近忧。再形象一点地说，明天的天有晴时，也有雨时，阳光灿烂的今天就整天打着雨伞，你说累不累呀？

"不雨花犹落，无风絮自飞"，大自然的消长、人生的境遇都是冥冥之中的安排，忧虑的心灵解不开明天的"千千结"，做好今天的事情又何须为明天忧心呢！我们不是超人，精力总是有限的，忧虑的心灵撑不动明天的"许多愁"，一天的忧虑一天担当就足够了，明天的事情明天再做也未尝不可。

更何况，明天的大多数忧虑是毫无意义的，多数根本就不会发生。"世界上有99%的预期烦恼是不会发生的，它们很有可能只存在于自我的想象中"。这是二战时期美国作家布莱克伍德的一句名言，也是他的亲身经历。

布莱克伍德的生活几乎是一帆风顺的，即使遇到一些烦心事，他也能从容不迫地应对。但是，1943年夏天，因为战争的到来，他的担忧接二连三地袭来：他所办的商业学校因大多数男生应征入伍而出现严重的财政危机；他的大儿子在军中服役，生死未卜；他的女儿马上要高中毕业了，上大学需要一大笔学费；他的家乡要修建机场，土地房产基本上属无偿征收，赔偿费只有市价的十分之一……

一天下午，布莱克伍德坐在办公室里为这些事烦恼。他把这些担忧一条条地写下来，冥思苦想，却束手无策，最后只好把这张纸条放进抽屉。一年半之后的一天，在整理资料时，布莱克伍德无意中又发现了这张纸条，但是这些担忧没有一项真正发生过。他担心他的商业学校无法办下去，但是政府拨款训练退役军人，他的学校很快便招满了学生；他的儿子毫发无损地回来了；在女儿将入大学之前，他找到了一份兼职稽查工作，帮助她筹足了学费；住房附近发现了油田，他的房子不再被征收……

最后，布莱克伍德得出了一个结论："我以前也听人们谈起过，世界上绝大部分的烦恼都不会发生。我对此一直不太相信，直到再看到自己这张烦恼单时，我才完全信服！为了根本不会发生的情况饱受煎熬，真是人生的一大悲哀！"后来，他还为此写了一本书《99%的烦恼其实不会发生》。

看见了吧！"世界上有99%的预期烦恼是不会发生的"，何必为无法预知的明天而眉头紧锁呢？何必因为尚未到来的明天让心情阴郁呢？与其为明天忧虑，不如为今天努力；与其活在不可知的明天，不如活好已知的今天；与其活在尚未到来的明天，不如活好当下的今天。做好今天的事情，对生活心怀希望，就算所担忧的事情明天真的发生了，这种态度也会使事情朝着好的方向发展。

不必预支明天可能的烦恼，一天的难处一天担当就够了。由此，也定能获得内心的平静，聆听到生命中的幸福！

释怀：
如何获得内心的平静

◎ 弦断了，也要把曲子演奏完

荷兰阿姆斯特丹有一座 15 世纪的老教堂。它的废墟上留有一行字："事情既然如此，就不会另有他样。对必然之事，且轻快地加以承受。"语句虽然简短，但是道理却很深刻——有生之年，我们势必会遇到许多不快，但它们是我们无法选择也无法逃避的，这时我们只能学会接受。

接受必然发生的事实，好好地把握现在，这是克服任何不幸的第一步。

小提琴上的 A 弦断了，演奏还能继续吗？在这种情况下，一般演奏者会停下来，换一把小提琴再演奏。如果不巧找不到一把合适的小提琴，那么这支曲子也就只好到此为止了。不过，世界著名小提琴家欧利·布尔告诉我们"就算弦断了，也要把曲子演奏完"。当然，这也缔造了他的成功。

一次，欧利·布尔在法国巴黎举办了一场万人瞩目的音乐会。当时，欧利·布尔演奏得非常投入，饱含深情，听众们也听得很入神，不料意外状况突然发生了：一首曲子还未演奏完，小提琴上的 A 弦却断了。

面对突如其来的意外，周围的人异常紧张，他们不知道欧利·布尔该如何"收场"？如果处理得不好，就可能影响到整场音乐会，甚至影响到欧利·布尔日后的音乐生涯。就在"知情人"焦虑和观望的时候，欧利·布尔却丝毫没有在意那根断了的 A 弦，他从容不迫地继续演奏了下去。

当欧利·布尔演奏完毕后，整个音乐厅响起了热烈的掌声。后来，有记者采访欧利·布尔时问及此事，欧利·布尔淡淡一笑，回答道："要不然怎样呢？难道我就不继续演奏了？这就是生活，如果你的 A 弦断了，就用其他三根弦把曲子演奏完。"

A 弦断了，对任何小提琴手来说都是一件糟糕的事。试想，如果欧利·布尔沮丧并自暴自弃地说："完了，我真倒霉，这可怎么拉下去啊！"那么他就真的完了，不仅会影响到音乐会的效果和自己的前程，还会陷入抱怨和诅咒命运的怪圈，自卑自怜地度过一生，成为一个懦夫和失败者。

不管什么时候，在什么场合，发生了怎样尴尬或难以解决的事，不要抗拒，不要逃避，学着面对它、接受它，然后想办法去改变它，而不是随波逐流，任由事态肆意发展，那么此时就是不幸开始离去之时。正如美国哥伦比亚大学校长赫基斯所说："如果一个人能够把时间花在以一种很超然很客观的态度去看待既定事实的话，他的忧虑就会在知识的光芒下，消失得无影无踪。"

你也许以为自己办不到，但你要意识到我们内在的力量强大得惊人。它可以如山屹立不倒，遇风雨而不动，完全可以自若地用断弦缔造一场无人能及的完美演出。要培养自己这样的个性是不容易的，因为它需要克服恐惧，摒弃悲观，更需要内心有一股淡定自若的力量，活在当下。

塔金顿是美国的一位著名小说家，他常说："我可以忍受一切变故，除了失明。我绝不可能忍受失明。"可是在他 60 多岁的时候，他有一天扫视了一下地上的地毯，竟发现自己看不清地毯的颜色和图案。去医院检查，医生告诉他一个不幸的消息：他的视力正在减退，其中一只眼睛已几近失明，另一只也快瞎了。

令人担忧的事情还是发生了。塔金顿要如何应对这场灾难呢？他是否觉得："完了，我的人生完了！"完全不是，他知道自己无法逃避，

释怀：
如何获得内心的平静

所以唯一能减轻痛苦的办法就是爽快地去接受它。为了恢复视力，塔金顿在一年之内做了12次手术，而且他没为这事烦恼，还努力鼓励病友们振作起来。虽然眼球里有黑斑浮动，会挡住塔金顿的视线，但当有人问他是否感到不便时，他竟幽默地说："当它们晃过我的视野时，我会说：'嗨！天气又这么好，你要到哪儿去？'"

如此乐观的人，还有什么灾难不能克服？塔金顿说："正如别人能够承受所遭受的不幸一样，我也能坦然直面我的失明。即便我的五种感官全部丧失了功能，我还可以靠思想生活。这件事教会我如何忍受，而且使我了解到，生命所能带给我的，没有一样是我能力所不及而不能忍受的。"

心理学家阿佛瑞德·安德尔说过："人类最奇妙的特性之一，就是把负的力量变成正的力量。"塔金顿的个性正是如此。遭遇了自己最恐惧的事后，他没有逃避，没有抗拒，而是平和地接受了无法改变的现实，想到的是如何从这种不幸中解脱出来，如何改变自己的命运，进而享受生命的乐趣。

"天穹之下疾病多，有的易治有的难。有治就把良方寻，无治不必硬勉强。"是的，许多的经历，我们是无法逃避的，也是无法选择的。接受不可改变的事实，积极进行自我调节，才能把糟糕的事情变得不那么可怕，才能掌握好人生的平衡，才能最终改变自己的命运。

新英格兰著名女性主义者玛格丽特·富勒的人生信条就是："宇宙中的一切都是必然的，我接受宇宙中的一切。"当脾气古怪的苏格兰作家托马斯·卡莱尔听后，不禁大声吼道："我的天啊，她最好如此！"是的，我的天啊，你我最好都如此，如此坦然接受那已然发生的不可逃避的一切。

◎ 捡起脚下的蘑菇

西方有一则寓言：一个小男孩提着篮子去林子里捡蘑菇，捡到一个后就想，下一个可能比这个还大，于是丢弃了这个再去捡，但下次捡到的反比前一个小。他当然不甘心，总想要捡到一个最大的，于是扔了再去捡。就这样，扔了又捡，捡了又扔，篮子里一直是空空的。

这种"捡蘑菇"的心境大多数人都经历过，我们常会有好高骛远的心态，不自觉地给自己戴上望远镜，盯着很多很远的目标，结果小事瞧不起、不愿做，大事想做却做不来，或者轮不到做，最终英雄无用武之地，落空而归，一事无成。梦想化作一缕清风无处寻觅，空有抱怨，空有妒忌。

殊不知，远大的目标可以激励人心且十分美好，虽然我们心向往之，在无限的憧憬中尽情享受，但是最好的日子还是现在，身边比较清晰的、显而易见的事才应该是我们努力要做好的。捡起脚下的"蘑菇"，先别管它是大是小，只有这样才能真正有机会捡到"大蘑菇"，实现远大的目标。

这个道理很简单，一个大目标是由很多小目标组成的，很多的小目标汇集在一起就是一个大目标。实现一个大目标，实际上就是去做那些小事情，只有把小事情做好了，实现了小目标，通过一点一滴地积累，才能最终实现大目标。古曰"不积跬步，无以至千里；不积小流，无以成江海"，说的正是这个道理。

尹梦是音乐系的一名大三学生，她给自己制定了一个目标，就是做一名出色的音乐家。但是她在音乐方面的发展不顺遂，使得她一会儿信心满满，一会儿灰心丧气，想了许多办法都摆脱不了种困扰。"唉，

释怀：
如何获得内心的平静

为什么我不能够成为音乐家？""成为一名音乐家就这么难吗？"尹梦向大学老师透露了自己的心事。

"想象你五年后再做什么？"突然间，老师冒出了一句话，"别急，你先仔细想想，完全想好，确定后再说出来。"

沉思了几分钟，尹梦回答道："五年后，我希望能发行一张唱片，且这张唱片在市场上很受欢迎，可以得到许多人的肯定。"

"好，既然你确定了，我们就把这个目标倒算回来，"老师继续说道，"如果第五年你有一张唱片在市场上，那么你的第四年一定是要跟一家唱片公司签约，你的第三年一定是要有一个能够证明自己实力、说服唱片公司的完整作品，你的第二年一定要有很棒的作品开始录音，你的第一年就一定要把你所有要准备录音的作品全部编好曲，你的第六个月就是筛选准备录音的作品，你的第一个月就是要把目前这几首曲子完工。如此，你的第一个星期就是要先列出一整个清单，排出哪些曲子需要修改、哪些需要完工，对不对？"

"不要去看远处模糊的东西，而要动手做眼前清楚的事情。"老师意味深长地说。

听了老师的话，尹梦犹如醍醐灌顶，恍然大悟。自此，她放弃了那种虚无缥缈的期盼，接下来的一个星期她列出了一个清单，然后一步步开始实现自己的目标，最终成了一名出色的音乐家。

可见，好高骛远，一蹴而就，不但违反自然规律，而且寸步难行，只会使自己更加失望，深受挫折而已。要想成功，唯一的办法就是以立足的地方为起点，踏踏实实地走好脚下的每一步，不害怕困难和挫折，一步步缩短梦想与现实之间的距离，梦想最终都能够成为现实。

第四辑　做幸福的人
——爱与感恩，是生命中最美好的情感

踩实人生的每一步，一步一个脚印，听起来好像没有冲天的气魄、没有诱人的硕果、没有轰动的声势，可细细琢磨一下：每天一步一个脚印，不需要付出太大的代价，只要努力就可以达到目标。心里踏实，步履稳健，迎接明天的早晨就不会心虚，在不动声色中就能创造一个震撼人心的奇迹。

美国洛杉矶湖人队负责人以年薪120万美金聘请了一位教练，希望教练能够通过高明的训练方法，帮助队员们提升战绩。但是，教练来到球队之后，并没有什么独特的训练方法，而是对12个球员说道："我的训练方法和上任教练一样，但是我有一个要求，你们可不可以每天罚篮进步一点点，传球进步一点点，抢断进步一点点，篮板进步一点点，远投进步一点点，每个方面都能进步一点点。"

天啊！这是什么训练方法，负责人在心里偷偷捏了一把汗。不过，他很快就改变了自己的态度，不得不佩服起教练来。因为在新赛季的比赛中，湖人队击败了其他球队，勇夺NBA总冠军。对于自己的"战果"，教练总结说："因为12个球员每一天在5个技术环节中分别进步1%，所以一个球员进步5%，而全队进步了60%。这些天来，他们每天坚持进步一点点，可想而知，他们的进步有多大……"

积跬步以至千里，积小流以成江海。没有漫长的量的积累，怎么可能有质的飞跃？

每个人都希望生活如沐春风、如鱼得水，每个人都向往事业高升、飞黄腾达，但没有谁会白白地送给我们这一切。我们只能忍辱负重，通过自己的不懈努力去争取。从眼前的一点一滴做起，每天一步一个脚印，这才应该是我们每天追求的目标，也是值得一辈子去付诸努力的事情。加油！

释怀：
如何获得内心的平静

◎ 清茶伴炉，静享此刻

生命的意义是由每一个唯一的此时此刻构成的。我们不是为过去而活，也不是为未来而活。可惜不少人不懂这个道理，总是一味地留恋过去，或者一味地憧憬未来，而忽视了眼前的此时此刻。

曾读过这样一个故事，令人颇有感触。

一位哲人旅行时途经一座古城的废墟，岁月让这座城池极尽荒芜，但他凭着自己锐利的眼光还是看出了这座城池昔日的辉煌。城池的兴衰给哲人带来了无尽的思索，他随手搬过一个石雕坐下来，不由得感慨万千。

忽然，一个声音飘进哲人的耳朵："先生，你感叹什么呀？"哲人四下张望却没有人，后来发现声音来自自己坐着的石雕——一尊"双面神"石雕。哲人没见过双面神，奇怪地问："你为什么会有两副面孔呢？"

双面神说："有了两副面孔，我才能一面察看过去，牢牢吸取曾经的教训；另一面展望未来，去憧憬无限美好的明天。"

哲人听罢，说道："过去的只能是现在的逝去，再也无法留住；未来又是现在的延续，是你现在无法得到的。你不把现在放在眼里，即使你能对过去了如指掌，对未来洞察先知，又有什么意义呢？"

听了智者的话，双面神不由得痛哭起来："你的这番话让我茅塞顿开。我终于明白，我今天落得如此下场的根源。"

哲人问："为什么？"

双面神解释说："很久以前我驻守这座城池时，总是一面察看过去，一面展望未来，却唯独没有好好把握现在。结果，这座城池被敌人攻陷了，美丽的辉煌成了过眼云烟，我也被人们唾骂而弃于这废墟中。"

昨天已成为过去，明天还没有到来。总回想过去，有限的精力会被无端浪费；老幻想明天，时光就会白白地流逝。人生不是徘徊，人生不是等待，人生最好的时光就是宝贵的现在，我们一定要学会活在当下。

到底什么叫作"当下"？简单地说，"当下"指的就是现在正在做的事、待的地方、周围一起工作和生活的人；"活在当下"就是要把关注的焦点集中在这些人、事、物上面，全心全意、认真去接纳、投入和体验这一切。

弟子们跟着大珠禅师修道已经好几年了，常常听禅师说"禅"这个字，却不明白究竟什么是禅。有一次，一名弟子与大珠禅师一起吃饭，忍不住问："师父，您不是常常说禅吗？到底什么是禅啊？"大珠禅师停下手中的筷子，冷冷地看了弟子一眼，什么都没有说。到了晚上睡觉的时候，这名弟子又忍不住问大珠禅师："师父，您快告诉我，到底什么是禅啊？"这次大珠禅师有动作了。他轻轻地用手敲了敲弟子的头，然后闭着眼睛说："吃饭的时候吃饭，睡觉的时候睡觉，这就是禅！切勿吃饭时不吃饭，须索百种；睡觉时不睡觉而千百般计较。"

"吃饭的时候吃饭，睡觉的时候睡觉"这句话确实禅意十足。我们在吃饭时想着睡觉，在工作时想着休息，在恋爱时想着分手，在拥抱时想着看表，在上床时想着工作，在上班时想着……我们不能在当下的一刻做专一的事，所以我们还是凡人一个，没能成为一个得道悟禅的大师。

学习就专心学习、工作就专心工作、吃饭就专心吃饭、睡觉就专心睡觉……此时此刻便是最好的当下。你只需凝神静气，躺在时间的

释怀：
如何获得内心的平静

河流里接受当下的润泽。它可以是阳光下的悠然漫步，可以是黄昏里的默默执手……如果把当下扔进生命之杯，那当下就是暖炉上的一杯清茶，暖暖的依存，淡淡的清香。

曾经读过一个小故事，让人醍醐灌顶，豁然开朗。

有个渔夫躺在沙滩上悠闲地晒太阳，一位富翁走过来对他说："你怎么能在这里晒太阳，你现在应该去努力干活啊。"

渔夫问："干活有什么用呢？"

富翁说："干活就会有一点积蓄。"

渔夫问："有积蓄又有什么用呢？"

富翁说："有了一点积蓄，你就能投资。只要努力工作，细心管理你的投资，加上运气好的话，一二十年后，你就能变成一个富翁了。"

渔夫又问："成为富翁有什么用呢？"

富翁说："成了富翁就能像我一样，可以躺在沙滩上晒太阳。"

渔夫问富翁："那你看我现在在干吗？"

渔夫的回答妙到极点，"你看我现在在干吗？"活在当下，什么都不想，就只是在那里，在当时，享受每一个真实刹那，是最愉快、最安稳、最科学的一种方法。那春天美丽的花朵、夏日凉爽的轻风、秋天丰硕的果实、冬日和煦的阳光，那来之不易的机会，那美好的幸福时光，那大好的青春年华……

对过去已发生的事不做无谓的思考与计较，所以无悔；对未来会发生什么也不去做无谓的想象与担心，所以无忧。没有过去拖在后面，也没有未来拉着往前时，生命全部的能量都集中在这一刻，生命也就具有了一股巨大的张力，喜悦而不为一切由心而生的东西所束缚，就是幸福的最好写照了。

事实上,"当下"也是稍纵即逝的。正如朱自清在《匆匆》里所描述的:"洗手的时候,日子从水盆里过去;吃饭的时候,日子从饭碗里过去;默默时,便从凝然的双眼前过去……"当下的前一秒是过去,下一秒就是未来,当下连接着过去和未来,所以好好把握现在,活在当下,我们也就拥有了过去和未来。

时间是由无数个"当下"串联在一起的,每一个瞬间、每一个当下都将是永恒。林清玄在作品《天心月圆》中说过这样一句话:"昨天的我是今天的我的前世,明天的我就是今天的我的来生。我们的前世已经来不及参加了,让它们去吧!我们希望有什么样的来生,就把握今天吧!"

"对酒当歌,人生几何?"人活百岁,不过三万多天。"若白驹过隙,忽然而已。"年华似水,无关痛痒,它静静地、悄悄地从我们身边流过。流光一闪,红了樱桃,绿了芭蕉。活在当下的此时此刻,用心演绎生活的精彩,感悟生命的真谛,就能拥抱真正的自我,找到获得平和与宁静的入口。

不浮不躁,坐看云起,端坐静听,乐享当下。

◎ 花开堪折直须折

"等到我买了房子以后,我就买几件漂亮衣服,现在买有些太破费了";

"等我最小的孩子结婚之后,我就可以松一口气,来一场国外旅行啦";

"等我把这笔生意谈成之后,我会准备一顿美餐,好好犒劳自己";

释怀：
如何获得内心的平静

……

人们似乎都很愿意牺牲当下，去换取未知的等待；牺牲今生今世的金钱和时间，去购买后世的安逸。殊不知，人生是由时间构成的，而时间是无法储存、无法珍藏的。人生错过了，也就错过了，失去的便永远失去了。

我们先来看一个寓言故事。

从前有一个富翁，他家地窖里珍藏着很多葡萄酒，其中有一坛品质上乘的千年陈酿被深埋于地下，这只有他知道。州府的总督登门拜访，富翁提醒自己："不，不能开启那坛酒，这酒不能仅为一个总督启封。"皇帝来访，和他共进晚餐，但他想："皇帝不懂这坛酒的价值，喝这种酒过分奢侈了。"甚至在他儿子结婚那天，他还自忖道："不行，不能拿出这坛酒，要等待最重要的时刻才可以。"

随着时间的流逝，富翁地窖里的葡萄酒被喝了一坛又一坛，唯独那坛葡萄酒没有被人动过。有一天富翁死了，下葬那天，地窖里所有的酒坛都被搬了出来，除了那一坛千年陈酿，因为没有人知道它埋在哪儿。就这样，这坛酒依然被深埋在地下，一年又一年，也没有人知道它的味道有多醇香……

看到了吧，美丽的东西不被享用，平白被冷落，便是一种糟蹋。将希望寄予等到方便的时候才享受，我们不知会错过生命中多少美好的事物，失去多少幸福。这就像没有在恰当的时间去做恰当的事情一样，想起来都是一种遗憾。

还记得有一首名为《我想去桂林》的流行歌曲吗？"我想去桂林呀，我想去桂林，可是有了钱的时候我却没时间……"口袋没钱的时候，我们有的是时间，可一旦口袋里装满了钞票，时间又没有了，也许这就是很多人无法遂愿的主要原因吧！其实，这也完全是我们生活的真实写照。

一个80岁的老人写了一篇文章，内容大概是这样的：

在我的一生里，我必须是贴心的女儿、温柔的妻子、慈祥的母亲、勤劳的员工，我每天都在为这些事情忙碌，一刻也停不下来。直到现在，生命将灭，当我不得不停下来时，才深深地意识到，我还有很多事情没有做，有很多话来不及说，有很多东西都还没有吃过……这实在是人生的失败和遗憾。如果我能重活这一生，我要享有更多那样的时刻——每一刻、每一分、每一秒。如果一切能重来，我要做什么呢？我会在早春赤足到户外踏春，在深秋里买自己喜欢的大衣，我还要去游乐园坐几次旋转木马，多看几次日出，跟朋友们一起欢笑，只要人生能够重来。但是你知道，不能了……

或是因为太过珍贵，或是因为有重要的纪念意义，人生中有些东西值得珍藏，但有时候及时"消耗"反而比珍藏更有意义。譬如，和家人、朋友坐在一起品尝一瓶好酒，大家津津乐道地赞美它的醇香与美妙，要比把它独自珍藏起来的意义更深远，更能给生活增添光彩。

的确，人生就像是一张支票，是有期限的。很多东西"生不带来，死不带去"，如果不在规定的期限内用尽，你将再也没有机会了。与其等着死后被白白地浪费掉，还不如现在开开心心地享受它。生命只在一瞬间，"花开堪折直须折"。美丽的东西只有在用的时候，才能更见其光华。

有一次，意大利记者吉阿提尼拜访俄罗斯著名钢琴家安东·鲁宾斯坦。告别时，鲁宾斯坦热情地送给吉阿提尼一盒他最喜欢抽的雪茄。

吉阿提尼很是激动，说："我要好好地把它们珍藏起来。"

"千万不可,"鲁宾斯坦回答,"你一定要现在把它们抽掉。这些雪茄美妙如人生,人生是不能保存的,你一定要尽量享受它。要知道,没有爱和不能享受人生,生活就没有了任何的乐趣。"

人生是不能保存的,我们要尽量享受它。鲁宾斯坦实在是一个智者!

正如法国作家蒙田所言,享受人生是至高神圣的美德。亚历山大大帝在短短13年中,以其雄才大略东征西讨,建立了一番霸业。尽管如此,他也把享受生活乐趣视为自己的正常活动,而把叱咤风云的战争生涯看作自己的非正常活动。

人生苦短,不要想得太多,想做就做,想吃就吃,想爱就爱,学会慷慨地及时行乐,及时采撷生命意义的花朵,及时享受身边的美好事物吧。这样,我们就会觉得生活很美好,生命很可贵。在有生之年,我们可以很满足地对所有人说:我努力过,我也享受过,我的人生没有遗憾。

「第 2 章」
爱是一切美好关系的起点

我们每个人都希望自己得到认可,自己的价值被肯定,获得别人的重视和赞赏。爱的功能就在于此,它让我们感受到生命的重要和奇妙。爱,是心灵的归属,生命的方向。爱是花间滚动的露珠,滋润着美丽的生命。是的,当我们选择了爱,世界便因我们而美丽。

◎ 岁月如海,友情如歌

生活在这个多姿多彩的世界里,任何一个人都不是孤立的,每一个人都拥有朋友,每一个人都需要朋友。一个人的天空是狭小的、单调的,友情织成的天空是广阔的、灿烂的。如果你拥有朋友,就要真心地关爱他们,快乐时与之共享,悲伤时给予安慰,主动营造一种和谐的氛围。

问题是,有些人总是抱怨别人对自己不够好,抱怨别人不为自己付出,抱怨自己没有真正的朋友。原因何在?不妨想想,你对别人足够好吗?你对别人付出了多少呢?你只想着从别人身上得到而自己不先付出,只会让人觉得你自私,而不愿意和你接触,如此,自然就不会和你做朋友了。

所以,我们在与人交往时要做到:舍掉自私、心存善意、懂得付出、不索回报。正所谓"人之初,性本善""恻隐之心,人皆有之",每个

释怀：
如何获得内心的平静

人都懂得"投桃报李"的道理，当别人接受你的"桃子"的时候，必然会给你其他的礼物作为回报。

从前，有两个饥饿的人得到了一位长者的恩赐：一根钓竿和一篓鲜活硕大的鱼。其中，一个人要了一篓鱼，另一个人要了一根钓竿。这两个人要想好好地生存下去，就要找到大海，而大海离这里还有很长的一段路要走。

得到一篓鱼的人饿极了，就在原地用干柴搭起篝火煮了一条鱼，不过他没有自私地把鱼吃个精光，而是把一半分给了得到钓竿的人。两人吃完鱼后便商定共同去找寻大海，每次只煮一条鱼，一人一半。

经过长期的跋涉，两人终于来到了海边。这时候，鱼篓里的鱼已经吃完了。得到钓竿的人开始钓鱼了，为了回报，他将钓的鱼分给了得到一篓鱼的人。从此两人以捕鱼为生，过上了幸福安康的生活。

在这个事例中，这两个人没有被自私蒙蔽双眼。他们把自己的东西分一半给对方，互助互爱，最后战胜了饥饿，拥有了幸福，还得到了珍贵的友谊。可贵的友情就是这样，惺惺相惜，同舟共济。在生活中，如果我们拥有这样的友情，千万要懂得珍惜，不要让这样的朋友在我们的人生中消失。

人的一生不可能一帆风顺，朋友难免会遇到失利、受挫或面临困难，这时候，我们更要及时伸出热情的手，关爱和帮助朋友。你哪怕只是尽了绵薄之力，他也会由衷地感激，将会用最真诚的心来结交你这个朋友。日后你遇到了困难，他也会在关键时刻助你一臂之力。

诗人纪伯伦曾说过："和你一同笑过的人，你也许很快就把他忘却，而同你一同哭过的人，你也许一生都会记住他。"其实道理很简单，"危难之中见真情"，人在遇到难处的时候特别渴望得到朋友的爱，你及时的关爱和帮助无疑是雪中送炭。朋友之间就是这样，锦上添花不足贵，雪中送炭才是君子所为。

孟同刚刚毕业参加工作，因工作中的一点小失误被迫辞了职，但他照例得给家里寄钱以供弟妹上学。他身上的钱已经所剩无几，因交不起房租一再被房东抱怨，但孟同是一个自尊心很强的人，在朋友面前从未表现出来。

一天，朋友来孟同家里玩儿。不巧的是，孟同临时接到面试的通知，于是他让朋友先在家里待会儿，自己就去面试了。等他再回来时，看见桌上放了 1000 块钱。这时手机响了，朋友发来了一条信息，说"房租已交，钱留着用"。原来，方才房东又来催缴房租了，朋友便慷慨解囊。短短几行字，孟同热泪盈眶，内心充满了感激。

多年过去了，孟同已经由一个穷小子成长为一个成功人士，而他始终保留着这部手机、这条信息。孟同知道自己在意的不是这些，而是那一份真挚的友情。后来，孟同听说朋友的父亲得了重病需要做手术，朋友因资金不够不知所措。第二天，他什么也没说，就给朋友的父亲交了 10 万元的手术费。

在危急的关键时刻，正是真正考验友情的时刻。在孟同人生的低谷，在最需要帮助的时候，朋友挺身而出，帮了他一把，让他渡过了暂时的难关，这是一种付出。当朋友面临困难时，孟同也及时伸出援手，这是一种回报。苦难面前，不离不弃。这才是真正的朋友，这才是真正的友谊。

曾经听过这样的话："茫茫人海，漫漫长路，你我相遇，成为相互。相互就是走累了一起扶助，走远了一起回顾；相互就是痛苦了一起倾诉，快乐了一起投入。"真正的朋友就是这样一种相互，无论何时何地，并肩站立,携手同行,所以真心地爱你的朋友吧,给他们支持和帮助、温暖和感动。

千百年来,歌颂友谊的诗句百听不厌,李白的"桃花潭水深千尺,不及汪伦送我情",苏东坡的"但愿人长久,千里共婵娟",王维的"劝君更尽一杯酒,西出阳关无故人",何逊的"春草似青袍,秋月如团扇。三五出重云,当知我忆君",王勃的"海内存知己,天涯若比邻",演绎着一幕幕可贵的友情。

我们需要可贵的友情。这种感情不依靠什么,不乞求什么,是纯净而温馨的,是我们幸福大道的铺路石。岁月如海,友情如歌,一首《朋友》道尽情愫:"朋友一生一起走,那些日子不再有,一句话一辈子,一生情一杯酒。朋友不曾孤单过,一声朋友你会懂,还有伤还有痛,还要走还有我……"

◎ 子欲养而亲不待

在爱的花园中,有一朵花没有浓烈的香气,没有美艳的花形,看似那样平凡无奇,那样容易被人忽略,但它是时间开得最久的,就算干枯了花色也不褪,这朵花就是父母对儿女的爱。他们将全部的爱奉献出来,默默付出不求回报。将不平凡的爱寓于平凡中,是那么深沉、隽永、悠长!

可是我们呢?总是认为这种爱是理所应当的,总是在强调着自己的酸甜苦辣,终日迷恋于什么面子、金钱、权力……一次次把父母抛之脑后,"等我升职了一定回家看他们""等我发达了再好好孝敬他们"……一年又一年,任孤独一再地摧毁父母的容颜,任辛苦不停地压弯父母

第四辑 做幸福的人
——爱与感恩，是生命中最美好的情感

的脊梁。

殊不知，人生中很多事情是可以等的，但是对待父母的爱，孝敬父母是不能等的。因为，时间如水，我们在一天天成长的同时，父母却在一天天老去。即使我们对父母的感恩来得及，我们是否想过父母等得及吗？那个时候恐怕他们已经无福消受了，世间最痛苦的事情莫过于"子欲养而亲不待"。

杨伟在城市里有一份体面的工作，但是离家很远。职场上的竞争压力让杨伟不敢松懈，而且他一心想升职，所以回家看望父母的时间特别少。每次打电话回家，两位老人都会问："你这周末有时间吗？回家看看吧！"杨伟总是搪塞着。他已经记不清有多少次这种电话了，而母亲也通情达理，"没事，忙你的工作吧，有你父亲陪着我就行。你好好照顾自己，我就放心了"。

这次，父亲打来了电话，坚持要杨伟回家看看，说是母亲生命垂危。杨伟赶紧放下手头工作驱车回家。见到母亲的一刹那，他呆住了，半年没见的母亲居然瘦弱得不成样了……原来，母亲一年前就已经查出患了癌症，她想告诉杨伟这个噩耗，但又担心耽误他的正常工作，只好每次打电话时问杨伟回不回家。但是每次杨伟都会有各种各样不回家的理由，母亲只好无奈地作罢。

怎么会这样，怎么会这样？杨伟的内心像针扎了一样。这些年，他只想着通过自己的奋斗让父母将来过上好日子，万万没想到母亲已经等不了了。他恨自己当初的无知，后悔没有好好陪伴母亲。杨伟任由泪水肆意地流淌着，这是愧疚的泪，也是痛苦的泪，是对自己不孝的忏悔的泪……

"慈母手中线，游子身上衣。临行密密缝，意恐迟迟归。"多么真

释怀：
如何获得内心的平静

实的生活写照，它道出了所有父母的心声。正因如此，趁父母还健在时，去爱他们吧，说出对他们的爱吧！一定！这是因为，明天或许就晚了，到那时，那些没有说出口的感激的话语、爱的话语将如鲠在喉，使你感到沉重和痛苦，无法解脱！

其实，仔细想想，父母盼望的不是儿女的飞黄腾达，需要的不是儿女充裕的物质孝顺，他们的要求很简单，子女平安幸福就好，子女常回家看看就好，子女多一些问候就好。一旦感受到子女的挂念和关爱，他们的心中就会洋溢着一股别样的幸福和快乐，这远胜过物质的慰藉。

所以，孝顺不在乎你物质上给予了多少，不在乎你心里想了多少，而在于你真心去做了多少，在于蕴含的真情实意。别再找各种各样的理由了，从今天开始，常回家看看父母，抽时间陪陪父母，听从父母的教导，关心父母的健康，分担父母的忧虑，好好用爱回报父母吧，让他们真正享受你所给予的快乐。

正如《常回家看看》里唱的那样："找点空闲，找点时间，领着孩子常回家看看，带上笑容，带上祝愿，陪同爱人常回家看看。妈妈准备了一些唠叨，爸爸张罗了一桌好饭。生活的烦恼跟妈妈说说，工作的事情向爸爸谈谈。老人不图儿女为家做多大贡献，一辈子总操心就奔个平平安安。"

还有这样一段感人至深的文字，相信每个人读完之后都会百感交集："他们花了很多时间，教你用勺子、筷子吃东西，教你穿衣服、绑鞋带、系扣子，教你洗脸，教你梳头发，教你做人的道理。所以……当他们有一天变老时，当他们想不起来或接不上话时，当他们哆哆嗦嗦地重复一些老掉牙的故事时，请不要怪罪他们；当他们忘记绑鞋带、系扣子,当他们开始在吃饭时弄脏衣服,当他们梳头时手开始不停地颤抖,请不要催促他们……因为你在慢慢长大,而他们却在慢慢变老……只要你在他们眼前的时候,他们的心就会很温暖。如果有一天他们站也站不稳、走也走不动的时候,请你紧紧握住他们的手,陪他们慢慢地走,就像当年他们牵着你一样。"

"父兮生我,母兮鞠我。拊我畜我,长我育我,顾我复我,出入腹我。"做儿女的不能总想着要"索取"爱,要父母理解你、包容你,而是要时时刻刻想着怎么"给予"爱,尽可能地对父母做一些感恩的事情。你会发现,这不仅是善待父母也是善待自己,每一次付出都是对内心的洗礼,每一次给予都是精神的升华。

◎ 用爱浇灌出幸福花

人们常说:"有了家就等于有了温暖,家是我们遮风避雨的港湾。"没错,有了家就等于有了一切,有了家人的爱护和关心,无论生活有多么困苦,我们都能体会到幸福的滋味。当然,前提是用真爱呵护家庭。

罗斯福还是一个小男孩的时候,认为自己是世界上最不幸的孩子:他的腿因脊髓灰质炎留下残疾,长着一口参差不齐的牙齿,经常被小伙伴们嘲笑。罗斯福很自卑,走路都不敢抬头。父母看在眼里,疼在心里。

有一次,罗斯福的父亲带回几棵树苗,让孩子们栽到后花园里,并说谁的树长得最好就能得到一件惊喜的礼物。罗斯福不自信,勉强栽了一棵树后就再没有管过,但最后他的树苗长得最好,他得到了父亲赠送的礼物。自己从没照顾过那棵树,它为什么会长得那么好?罗

释怀：
如何获得内心的平静

斯福很不解。一天，他悄悄起床走到后花园，远远地看到父亲蹲在地上，正在为自己的那棵树浇水施肥。他躲在一丛花草后，泪水禁不住流了下来：原来父亲这么爱我呀，我以后决不能让他失望！

为了使罗斯福更好地成长，母亲在生活上给予了他无微不至的照顾，而且千方百计地培养他，为他请来了家庭教师教他法语和德语，还给他安排了钢琴课、绘画课。与此同时，母亲还为罗斯福记日记，详细记录了罗斯福的成长过程和兴趣爱好。在母亲的关爱和激励下，罗斯福学习非常努力，后来他成了美国总统。

爱是家庭必不可少的部分，家庭成员之间相濡以沫、亲密无间的关系，对我们抗压、抗挫的能力会产生重大影响。罗斯福正是由于父母深切的爱，才重新变得自信乐观，才敢于面对外面的风风雨雨，才有了后来的成就。

家——你有一个家，我有一个家，在这喧闹的城市中，人人都需要一个温馨的家。家是青砖灰瓦红窗花，家是柴米油盐酱醋茶。家是儿和女，家是爹和妈，家是一根扯不断的藤，藤上结着酸甜苦辣的瓜。和谐的家庭需要每个家庭成员的情感支持，彼此关爱对方、牵挂对方、鼓励对方，是我们获得幸福的最好途径。

因此，要想拥有一个幸福的人生，那么就请为你的家，为你的家人奉献你所有的爱。爱，应多一份关爱，少一份冷漠；多一份真诚，少一份虚假；多一份信任，少一份猜疑；多一份尊重，少一份伤害。关爱、真诚、信任、尊重，一个人若能往家庭里投入这些，那么就能"浇灌"出一朵美丽的幸福花。

家是最温暖的地方，是心灵的绿洲和歇息之地。家不仅是一种爱的享受，也是一种付出，更是爱的积累。用爱来构建你的家庭，当你

第四辑 做幸福的人
——爱与感恩，是生命中最美好的情感

的家充满爱时，财富和成功也会相伴而来，如此也就能够安然地享受生活。

有位妇人走到屋外，看见自家院子里坐着三位老人。她并不认识他们，但是她是一个善良的人："你们应该饿了，请进来吃点东西吧。"

"我们不可以一起进入一个房屋内。"老人们回答说。

"为什么呢？"妇人奇怪地问。

其中一位老人指着他的一位朋友解释说："他的名字是财富。"然后又指着另外一位说："他是成功，而我是爱。"接着又补充说："你现在进去跟你丈夫讨论看看，要我们其中的哪一位到你们的家里。"

妇人进屋跟丈夫说了此事，丈夫高兴地说："让我们邀请财富进来！"

妇人并不同意："何不邀请成功呢？"

女儿听到了父母的谈话，建议道："我们邀请爱进来不是更好吗？"

这对父母应允了，妇人到屋外问："三位老者，请问你们哪位是爱？"

"爱"起身朝屋子走去，另外二者也跟着他一起。

妇人惊讶地问"财富"和"成功"："我只邀请爱，怎么连你们也一道来了呢？"

老人们相视一笑，然后齐声回答道："如果你邀请的是财富或成功，那么另外两个人都不会跟着走进去的；而你邀请爱的话，那么无论爱走到哪儿，其他两个人都会跟随的。哪儿有爱，哪儿就有财富和成功。"

"我喜欢，一回家，就把乱糟糟的心情都忘掉；我喜欢，一起床，就带给大家微笑的脸庞……我喜欢，快乐时，马上就想要和你一起分享；我喜欢，受伤时，就想起你们温暖的怀抱；我喜欢，生气时，就想到你们永远包容多么伟大……因为我们是一家人，相亲相爱的一家人。有福就该同享，有难必然同当，用相知相守换地久天长……"

释怀:
如何获得内心的平静

让我们记住这首歌,让我们拥有它所说的幸福,用爱"浇灌"出幸福花。

◎ 每一条小鱼都在乎

忙碌的我们似乎越来越不快乐了,忧郁和孤独不断充斥着生活。我们为什么会忧郁?为什么会孤独?著名心理学家荣格的观点是:"我的病人中,大约三分之一的人都不是真的有病,而是由于他们只爱自己,只在乎自己的所得与所失,对周围的一切表现出冷淡、怠惰、不在乎、无所谓的态度。"

那么,我们应该如何做呢?不妨来看一个故事。

在暴风雨后的一个早晨,沙滩的浅水洼里有许多被暴风雨卷上岸来的小鱼。它们被困在浅水洼里,回不了大海了。用不了多久,浅水洼里的水就会被沙粒吸干、被太阳蒸干,这些小鱼都会被干死。

有一个小男孩走得很慢很慢,而且不停地在每一个水洼旁弯下腰去——他捡起水洼里的一条条小鱼,并且用力把它们扔回大海。太阳炙烤着沙滩,小男孩的汗水不停地流着,腰酸、胳膊痛,但他还是在不停地扔着小鱼。

有人忍不住走过去:"孩子,这水洼里有这么多条小鱼,你救不过来的。"

"我知道。"小男孩头也不抬地回答。

"那你为什么还在扔?谁在乎呢?!"

"这条小鱼在乎!"男孩儿一边回答,一边继续拾起一条小鱼扔进大海,"这条在乎,这条也在乎!还有这一条、这一条、这一条……"

在小男孩的心目中，每一条小鱼都是独立、完整的生命，都有获得同情、关爱和呵护的需要。尽管他救不过来这么多小鱼，但对于被救的小鱼来说，它的新生不就意味着重新获得了整个世界吗？有什么理由不全力相救呢？

是啊，"生命诚可贵"。大街上可怜的乞丐们，被抛弃的孩子们，被冷落的老人们，他们难道不是和小鱼一样的生命吗？每个人都需要关爱，生活上也少不了关爱，我们应该去关爱他人，这样的世界才会充满——爱！

"相逢何必曾相识"。人与人之间的关爱不是只存在于亲朋好友间，我们应该充满热情地帮助任何一个需要我们的人。爱心，无须用多么深奥的语言来阐明，也不必做出一番惊天动地的事情来，完全可以通过点滴小事做起。比如，搀扶一个盲人过马路，去养老院探望孤寡老人，省下几包烟钱帮助困难家庭，向希望工程捐献财物……

对许多人来讲，这些都是举手之劳的小事，却能使他人感到这个社会的温情。爱心是冬日里的一缕阳光，使饥寒交迫的人感受到生活的温暖；爱心是黑夜中飘荡在夜空中的一首歌谣，使孤苦无依的人感到心灵的慰藉；爱心是洒落在久旱土地上的一场甘霖，使心灵枯萎的人感到情感的滋润。

在20世纪爆发的一场战争中，一名叫丽娜的普通家庭主妇从报纸上看到，参战的士兵因思念亲人倍感孤单、失落，作战士气极为消沉，于是她决定以亲人的身份给他们写信：收信人是"每一位参战的士兵"，落款一律是"最爱你们的人"。信的内容风趣幽默、关怀备至。直至战争结束，丽娜一共寄走了600多封信，她认为自己所做的一切不值一提。

日子一天天过去，转眼间战争结束已经快10年了。一天清晨，丽

释怀：
如何获得内心的平静

娜梳洗完毕要去上班，打开房门的一刹那，她惊呆了：门口笔直地站着一排排穿戴整齐的绅士。他们每人手里拿着一束玫瑰花，见到她簇拥了上来，齐声喊道："我们爱你，丽娜女士！"丽娜此时像万人追捧的明星，被鲜花和掌声包围住。

原来，在战争结束十周年之际，参战士兵联合会进行了"战争中我最难忘的事"的评选活动。所有收到信件的士兵至今都难以忘怀，在那艰难的岁月，这些信给了他们无穷的信心和勇气，于是他们决定找到写信人。通过邮局，他们知道了丽娜的详细地址，相约来答谢这位伟大的女士。

丽娜的眼睛湿润了。她从没想过，一封封信件居然会让这些经历了战火纷飞、生离死别的老兵们念念不忘，此时的她是幸福的。

爱，真的是一件神奇而美好的事物。它最神奇的一面就是让施爱者能够体会到幸福。当你把爱的阳光传递给别人时，即便微不足道，你的内心也会被阳光照亮。"送人玫瑰，手有余香"，在献出爱心芬芳的同时，最幸福最陶醉的还是我们自己，人性的光辉如日月般照耀这个世界。

"只要人人都献出一点爱，世界将变成美好的人间。"歌曲《爱的奉献》中这句很流行的歌词表达了人们对爱的呼唤和向往。无论何时何地，我们要爱生命里的每一个人，怀仁爱之心，推仁爱之举，用爱筑起一道坚固的防堤。记住："这条小鱼在乎！这条小鱼也在乎！还有这一条、这一条、这一条……"

第四辑 做幸福的人
——爱与感恩，是生命中最美好的情感

◎ 爱，多给自己一点点

在烦琐忙碌的生活中，很多人似乎都有一个通病，即全身心去爱别人很容易，多关心一下自己却很难。尤其是女人，为了老公，为了孩子，为了赚钱等，付出了很多，牺牲了很多，唯独就没有一次为了自己，结果身心俱疲，离幸福越来越远。

王小蓓是一个十分温柔贤惠的女人。她认为一个好妻子就该做好贤内助。为了能尽量多陪陪先生和儿子，她将自己的个人活动都拒之门外，皮肤也不做保养了，化妆就更不用提了，甚至连个人兴趣都放弃了。她除了上班就是在家围着先生和儿子转，精心打理家里的一切大小事情。去商场逛街，她满脑子想的是给先生、孩子买什么，即使自己相中了某件衣服也是犹豫片刻就放弃了，因为这件衣服的价格足够给孩子买很多好吃的……那真是整个身心都扑在家里了。

可是，王小蓓的先生并没有珍惜她，他在外面有了别的女人。他的理由是："她整日忙碌于家务，每天一副不修边幅、邋里邋遢的样子，而且一点兴趣爱好也没有，和她在一起很无聊，生活枯燥无味……"王小蓓做了多年的贤内助，耗尽了自己的青春年华，最终等来的只是一纸离婚协议。她猛然发现，自己已经失去了很多。

纵观身边那些不幸福的人，皆是他们不懂得关爱自己、失去自我的缘故。这并不难理解，一个人若连自己都不爱，倾其所有，牺牲自我，这种爱会变得越来越卑微，别人又怎会瞧得起你，把你当回事呢？卑微是留不住人心的。

人，不仅要向他人奉献自己的爱，也应该多爱自己一点点。爱自己，不是自私自利，不是自我放纵，更不是夜郎自大，而是源于对生命本

> 释怀：
> 如何获得内心的平静

身的崇尚和珍重。只有懂得爱自己，才能懂得爱的责任；因为只有多爱自己一点，才更有能力去爱别人；因为多爱自己一点，爱才会更有意义。

爱自己，首先要爱惜自己的身体，重视、珍惜、照顾好自己的身体，学会劳逸结合，不要因为工作而过度劳累，养成规律健康的生活习惯，保持健康的心理状态，定期进行健康检查，有病及时治疗等。健康是人生的第一财富，有了健康的身心才有可能实现事业有成、家庭幸福，才能憧憬美好的未来。

爱自己，最好要有自己的朋友圈和兴趣爱好。试想，一个女人没有朋友，没有爱好，每天只知道吃饭睡觉、干家务活等，很容易被日常家务搞得神经麻木，看似老实本分，实则在男人眼中是索然无味的。所以，多结交一些朋友，多培养兴趣爱好，这是一个人的精神食粮，支撑着一个人的精神世界。

爱自己，就是要自助，面对生活中的苦难和不幸，你首先要自己学会承担，自己拯救自己，尽全力替自己解围。不难想象，在人生中的某一时刻，你的身旁恰巧没有关心你、愿意倾听你心声的人，你是孤立无援的。如果傻傻地站在原地，等待别人的救助，那么只会让自己陷入痛苦的深渊，又岂会有幸福而言？！

爱，要多给自己一点点。因为你很重要，你就是你的全部。你存在，才会感到整个世界存在。你看得到阳光，才会感到整个世界也充满阳光。正如一位哲人所说的："不要再等待别人来斟满自己的杯子，也不要一味地无私奉献。如果我们能多爱自己一点，先将自己面前的杯子斟满，心满意足地快乐了，自然就能将满溢的福杯分享给周围的人，也能快乐地接受别人的给予。"

第四辑　做幸福的人
——爱与感恩，是生命中最美好的情感

一位老华侨在国外曾独自奋斗多年，如今终于决定回国与家人团聚了。在为他送行的晚宴上，有朋友问，这么多年感触最深的是什么？老华侨回答："凡事多爱自己一点！这么多年一个人在外，要不是凡事多爱自己一点，就走不到今天；要不是凡事多爱自己一点，家庭也不会这么美满。"

"这是不是有点自私？"朋友半开玩笑地问。因为在朋友看来，一个男人担忧的应是一家老小的安危，而老华侨看重的却是自己。

"不自私，"老华侨解释道，"家人在家乡，遇到了无论是病还是灾，身边有亲人，担忧是担忧，但总可以转危为安。但我不同，异国他乡，要自己做好一切准备，为免于患。"老华侨顿了顿，接着说，"平时对身体好的食物我从来不吝啬，该吃就吃。每个星期日我都会做自己喜欢做的事情，将心中的不快排解出去。每年夏天，我都给自己十天假期，去海边游泳，晒太阳，让自己全身心地放松。正因为这样，我的身体和精神状态一直很好，我可以好好地工作多赚些钱，让家人生活得更好"。

老华侨确实应该多爱自己一点，因为他是一家人心中的那座山。如果他不爱惜自己，逼迫自己像陀螺一样不停地旋转、旋转，那么很可能会出现不同程度的身心疾病，到时有再多的金钱也是枉然。关爱自己，才能幸福一家人。

懂得去爱别人，也学习爱自己，懂得幸福是自己创造出来的。这是我们需要学习的一门与幸福息息相关的课题！如果你觉得不够幸福，那么，就多给自己一点点爱，从现在开始先和自己谈恋爱吧！

「第3章」
感恩生命中的所有经历

有些人总是在抱怨上天对自己不公平，为什么自己会遇到如此多的坎坷与磨难。可是你想过没有，正是这些际遇教会你勇敢和坚强，使你实现人生的最大价值。人生的每一次经历，都在书写你的简历。我们走过的泥泞，总有一天会变成一条美丽的路。

◎ 吃得苦中苦，方为人上人

生活是什么模样的呢？总结起来就是两种表象——苦与乐。什么又叫作苦与乐呢？一般来说，身心愉悦的感觉叫乐，身心苦恼的感觉叫苦。假如问道："喜欢乐的人请举手！"相信绝大部分人都会举手；但再问："想吃苦的人请举手！"恐怕大部分人都不会举手。

谁不愿意生活在蜜水中，享受甜美生活呢？但是，生活有甘甜就有雨露，有快乐就有忧愁，有欢乐就有苦楚，生活对辩证法有了最完美的解释。它赐予我们的总是亦甜亦苦、苦中有乐、乐里有苦，每一个人都不例外。

既然如此，我们应该淡然地面对人生的苦乐，快乐时无须大喜过望，欣喜若狂，因为快乐的长度并不长；痛苦时亦无须大悲大痛，痛苦不堪，因为痛苦的长度也不长。"祸兮，福之所倚；福兮，祸之所伏。孰知其极？"这是广为流传的一句名言，指福与祸相互依存，可以互相

第四辑 做幸福的人
——爱与感恩，是生命中最美好的情感

转化，苦和乐也是一样。

与之类似的还有一个经典故事：塞翁失马，焉知非福。

有一个老人靠近边境一带居住，他们家的马无缘无故跑到了胡人的领地。邻居们为此惋惜，老人却说："这怎么就不能变成一件好事呢？"过了几个月，那匹马带着胡人的良马回来了。邻居们都前来祝贺，老人则说："这怎么就不能变成一件坏事呢？"他家中有很多好马，他的儿子也喜欢骑马，结果骑马时不慎从马上掉下来摔得大腿骨折。邻居们前来安慰，那个老人说："这怎么就不能变成一件好事呢？"过了一年，胡人大举入侵边境，壮年男子都不得不拿起弓箭奔向前方作战，唯独这位老人的儿子因为腿瘸的缘故免于征战，最终父子保全了性命……

正如硬币的两面一样，快乐和痛苦是相伴而生的，它们经常交替或交织地存在于人们的感受之中。用超然的心态看待苦与乐，以平和的心态迎接一切挑战，这是一种宠辱不惊、能屈能伸的境界，而这种境界往往会使祸患离身，福泽绵长，缔造沉静而安然、充实而辉煌的人生。

的确，快乐不长久，悲伤有尽头。世上没有永远的赢家，也没有永远的快乐。没有永远的快乐，也没有永远的痛苦。快乐时用冷静的眼光看待一切，就会省去许多烦心的事；痛苦时保持一种乐观的心态，就会享受到许多真正的乐趣。

换个角度想想，"吃得苦中苦，方为人上人"。不知苦痛，怎能体会到甘甜和快乐？要想获得快乐的人生，就要冷静一点，坦然一点，愿吃苦、能吃苦、敢吃苦。我们需要知道的是吃苦是暂时的，我们要敢于坚强地面对苦难，积极回应苦难的生活，培养自己吃苦耐劳的

释怀：
如何获得内心的平静

个性。

有一个小和尚在刚出家的时候，就被住持安排做行脚僧。小和尚每天都下山化缘，回来还要念诗诵经，很是辛苦劳累。一年多过去了，小和尚觉得自己太辛苦了，有一天便偷起懒来，躲在房间里睡大觉。

不料，被住持发现了。小和尚刚开始还有些害怕受到住持的责骂，但事已至此。他顿了顿情绪，决定将自己的委屈说出来："我刚剃度一年多，就穿烂了这么多的鞋子，可是别人一年都穿不破一双鞋！"

住持没有责骂小和尚，而是微微一笑说："昨天下了一夜的雨，我们到外面去走走吧！"于是，两人一同走到了寺庙的前面，停下脚步，眼前是一段黄土坡，路面在昨夜雨水的浸泡下显得泥泞不堪。

住持摸了一下花白的胡须，问道："你昨天下山去化缘，是不是在这条路上走过？"

小和尚回答说："嗯，是的！"

住持接着又问："那你还能找到自己的脚印吗？"

小和尚挠了挠脑袋说："不能，昨天白天没有下过雨，这条路又干又硬。"

住持说："要是今天我们在这条路上走一趟，你能找到你的脚印吗？"

小和尚回答："呵呵，当然能了！"

住持听后，拍了拍小和尚的肩膀，说道："踩在泥泞的地面上，才能留下无法磨灭的足迹。世上所有的事情都一样啊！你要想成为一个有境界、修为高的大师，就要比别人多吃一些苦，否则只能做一辈子的小和尚。"

小和尚听后，恍然大悟。从此，他不再喊苦喊累，辛劳地下山化缘，认真地念诗诵经，最终成了一名很有造诣的大师，在传播佛教与盛唐文化上做出了很大的历史功绩。

苦难对于每个人都一样，只是来临的时间不同。享乐在先或许令人羡慕，但这只是一个过程，不会永远乐下去，走到终点便是苦；而吃苦在先，也同样是一个过程，不会永远苦下去，走到终点便是甜。因此，如果你正在遭受困苦，这并不完全是件坏事，坦然地面对，积极地应对，它就会变成伺机而动的好时机！

学习是苦，得到的知识是甜；思考是"苦中苦"，得到的智慧是"甜上甜"；锻炼是苦，得到的肌肉是甜；静坐是"苦中苦"，得到的内气是"甜上甜"……吃苦是一个人从悲惨走向甜蜜的过程，是一个人从怯弱走向坚强的桥梁。

"艰难困苦，玉汝于成""梅花香自苦寒来，宝剑锋从磨砺出"……这些格言都在向我们阐释人在经历每一次苦难后会变得强大和勇敢。当遇到苦难时，静下心回味其中的道理，将苦难看淡一点，不被苦难吓倒，敢于吃苦，享受吃苦，走向它们，击退它们，学着从苦难中提高和升华自己吧！

◎ 胡萝卜、鸡蛋和咖啡

每个人都希望自己的一生能一帆风顺，但试问哪个人的一生又是一帆风顺的呢？反倒是荆棘丛生、处处有磨难。对于磨难，有的人逃避，有的人谴责，有的人诅咒，但如果换一个视角，用感恩的心来感谢磨难，未尝不是美事！

一个女孩向父亲抱怨她的生活不如意，工作不顺心，事事都那么

释怀:

如何获得内心的平静

艰难。她已厌倦抗争和奋斗，好像一个问题刚解决，新的问题又出现了。她不知该如何应付生活，整天唉声叹气，痛哭流涕，自暴自弃。

女孩的父亲是位厨师，他没有给女孩讲那些人生的大道理，而是把她带进了厨房。他先往三只锅里各倒入一些水，然后把它们放在旺火上烧。不久，锅里的水开了。他往第一只锅里放入胡萝卜，第二只锅里放入鸡蛋，最后一只锅里放入碾成粉状的咖啡豆。他将它们浸入开水中煮，一句话也没说。

女孩纳闷父亲在做什么，不耐烦地等待着。

大约20分钟后，父亲把火闭了，把胡萝卜捞出来放入一个碗内，把鸡蛋捞出来放入另一个碗内，然后又把咖啡倒在一个杯子里。做完这些后，他让女儿去摸胡萝卜，她觉得它们变柔软了；然后，他又让她把鸡蛋剥开，结果她看到了一个有弹性的熟鸡蛋；最后，父亲要她喝咖啡。尝到芳香四溢的咖啡，她笑了。

"这是什么意思，父亲？"她谦恭地问道。

父亲解释说，这三样东西面临着同样的磨难："煮沸后的东西，最终的表现形态各不相同。胡萝卜本是强硬坚固的，煮完后却变得绵软如泥；生鸡蛋是那样的脆弱，蛋壳一碰就会碎，可是煮过后它的内部却变得坚硬；咖啡豆在没煮之前也是很硬的，虽然在煮过一会儿后变软了，但它的香气和味道却融进了水里，变成了香醇的咖啡。"

"哪一个是你呢？"父亲问女儿。

胡萝卜、鸡蛋和咖啡，它们一同被沸水煮后的命运是迥然不同的。这给了我们一个启示：人们遭遇磨难时，对磨难的适应能力是不同的。对于弱者来说，磨难是一道难以跨越的门槛，能瓦解意志甚至让弱者陷入深渊；对于强者而言，磨难是磨炼意志的训练场，是助其成长的必经之路。

当磨难不幸降临到你头上时,你该如何应对呢?你是胡萝卜、鸡蛋,还是咖啡豆呢?如果你想做一名意志坚强的强者,想缔造出类拔萃的人生,那么就不要害怕磨难、拒绝磨难,而是要学会感恩磨难,甚至不妨多经历一些磨难。像沸水中的咖啡豆一样,在磨难中展示出生命的芳香。

古往今来,多少英雄豪杰皆是经得起风浪、抗得住摔打,饱经磨难,最终在磨难中成长成功的。例如,越王勾践"卧薪尝胆"十余年,受尽嘲笑和羞辱,终报国仇家恨,完成了复国大业;孙膑经受断足之刑,不得已靠装疯卖傻求生,最终也能手持《孙子兵法》运筹帷幄于沙场之上。

人生多舛,"沧海横流,方显英雄本色"。风又如何?雨又如何?险又如何?难又如何?诚如孟子所言:"故天将降大任于是人也,必先苦其心志,劳其筋骨,饿其体肤,空乏其身,行拂乱其所为,所以动心忍性,曾益其所不能。"正可谓"自古雄才多磨难,从来纨绔少伟男","不经历风雨,怎能见彩虹"。

是啊,没有经历过狂风暴雨折磨的禾苗永远结不出饱满的果实,没有经历过从高空摔打下来的雄鹰永远不能搏击长空……明白了这些道理之后,我们不仅要学会承受磨难,更要怀着一种感恩之情,主动迎接磨难,以检验自己的能力,提升自己的素质,创造出"自古雄才多磨难"的契机。

吕锋是一个一无背景二无关系的普通大学生,毕业后进入了一家净化器工程公司,在参加工作后不到10年的时间,他已经成为该公司的副总经理,掌管着100余名员工,可谓春风得意,大有作为。究竟

释怀：
如何获得内心的平静

是什么样的力量支撑着吕锋取得如此卓越的成就呢？用吕锋自己的话说，即"艰苦的磨炼。"

刚进这家公司时，吕锋只是一名普普通通的设计员，每天按部就班地上下班。不到一年，公司决定在开发区做一个新项目。那是一个很偏僻的地方，经济落后、交通不便，许多人都不愿意去。唯独吕锋迎难而上，主动要求去那里工作。每天早上，他在坑坑洼洼的路上骑着一辆破旧自行车，走街串巷，调查市场，进行策划，采购器材……最终在艰苦的条件下开拓出了一个新市场。

过了两三年后，公司又决定开发一个新项目，而且依然是一个经济落后、交通不便的偏僻地方。这时，吕锋已经是公司技术部门的小组长，有了自己的下属，若不离开月薪将涨到1万元，但吕锋依然毫不犹豫地选择了接手新项目。他之所以这么做，还是同样的原因：虽然那里的环境很艰苦，任务很艰巨，却可以让自己得到更有价值的锻炼，拥有更广阔的发展空间。

就这样，虽然经历了一段又一段艰难的时期，但吕锋不仅积累了丰富的工作经验，而且赢得了领导的高度信任。他先后被提拔为部门主任、技术总监以及副总经理。对于自己的成功，吕锋感慨道："哪里有困难，我就出现在哪里，困境是磨砺意志的磨刀石，也是改变命运的起跳板！"

"哪里有困难，我就出现在哪里。"吕锋之所以不畏惧艰苦的生存环境，是因为他知道若想做一个出类拔萃的人，就要多经历些磨难。生存环境越是艰苦，越能磨炼人的意志，越能增加人的智慧。也正是因为经历了磨难，他积累了丰富的经验，工作能力得到了极大提升，最终迎来了"天之大任"。

有一句很有意思的话："棉花堆里磨不出好刀子。"什么是"棉花堆"？

畅通无阻的坦途！的确，棉花堆里磨不出好刀子，好刀子是在砺石上磨出的。什么是砺石？很简单，就是生活中大大小小的磨难。

磨难，磨炼了人的意志！磨难，磨炼了人的品质！磨难，磨炼了人的才智！感恩磨难，让我们用坚定的信念、恢宏的气质、宽阔的胸襟去直面人生的风浪，接受人生的磨难，从而让人生更加精彩、更加灿烂、更加辉煌吧！

◎ 没有根须，难为花朵

每个人的机遇不同，然而在成功之前都有一个相同的经历——寂寞。寂寞是难耐的，寂寞是清苦的，寂寞是无聊的，寂寞是孤寂的，因此，不少人抱怨寂寞难熬，耐不住寂寞，情绪容易躁动。比如，做学问的沉不下心搞研究，盼着能买到一张百万彩票；当作家的不甘心埋头写作，希望能一夜之间成为名人……

殊不知，寂寞是一场漫漫的修行，是一种身心的考验。铁树沉寂60年方开一次花，昙花积聚一个花期只为数小时的盛放。不在寂寞中进步，便在寂寞中堕落；不在寂寞中升华，便在寂寞中衰败；不在寂寞中永生，便在寂寞中腐朽。如果说寂寞是成功的根须，那么成功就是寂寞开出的花朵。没有根须，难为花朵。

为了寻得佛门真经，一个年轻人决定剃度为僧。剃度时，他信誓旦旦地向住持表示自己要皈依佛门，但才念了不到一个月的佛经，他就受不了寺院的寂寞，还俗去了。一个月后，他一把鼻涕一把泪地要求重入佛祖门下。住持心生慈悲，就答应了。三个月后，他又嚷嚷说佛门冷清留不住人，又一次离开。

释怀：
如何获得内心的平静

年轻人如此闹腾了好几次，住持很是纠结，留与不留都是烦恼。后来，住持想出了一条妙计，对年轻人说："这样好了，你不如在寺院门口开个茶馆，做个不染红尘的还俗和尚。"年轻人听了很是高兴，还真的在寺院门口开了个茶馆，后来又成了亲，开开心心地生活着。当然，他也没领会到佛门真经。

这位年轻人一心想寻得佛门真经，却又不愿忍受寺院的寂寞，总是被红尘的繁华诱惑着，如此怎能领悟佛道的深奥呢？只会半途而废。住持也实在是高明，像这种不甘寂寞、心无定力的人也只能安排他做一些半拉子的事情。

国学大师王国维曾说过，古今成大事业、大学问的人，都必须经历三种境界：一是"昨夜西风凋碧树，独上高楼，望尽天涯路"的寂寞和孤独；二是"衣带渐宽终不悔，为伊消得人憔悴"的执着和坚持；三是"众里寻他千百度，蓦然回首，那人却在灯火阑珊处"的辉煌和成功。寂寞的妙处可见一斑。

所以，面对寂寞，我们应该学会正视，学会感恩。寂寞不是百无聊赖、无所事事，更不是所谓的孤独或寂灭。寂寞的意义在于：守住精神的底线，不为浮躁所扰，安抚躁动的灵魂。凭借自己的良知和理性，在寂寞中坚守、进取、升华，完成对生命的认识和诠释，使人生不再寂寞。

38岁时，李时珍被荐为太医院判。他一头扎进书堆，夜以继日地研读、摘抄和描绘药物图形，努力汲取着前人的医学精髓。而此时太医院上下已经被搞得乌烟瘴气，那些院判们发现嘉靖皇帝迷信仙道，祈求长生不老之术，便纷纷炼制不死仙丹。哪有什么不死仙丹呢？李时珍劝说众人停止这种荒唐行为，但他们给出的解释是——既然皇帝喜欢，何不就此取悦皇帝，以获取功名利禄呢？因为功名居然不顾行医之道，李时珍不想这样，一年后毅然告病还乡。

回到家后，李时珍没有在家过衣食无忧的生活。他认识到"读万卷书"固然需要，但"行万里路"更不可少，便外出寻访。在那些日子里，李时珍穿上草鞋、背起药筐，在徒弟庞宪、儿子建元的陪同下，远涉深山旷野，遍访名医宿儒，搜求民间验方，观察和收集药物标本。其间，他们的足迹遍及河南、河北、江苏、安徽、江西、湖北等广大地区，以及牛首山、茅山、太和山等名山大川。

远离了人间的喧嚣，每日面对巍巍大山、青青悠草，无疑是寂寞的。但李时珍耐得住寂寞，先后历时27年，最终搞清楚了许多药物的疑难问题，完成了到16世纪为止中国最系统、最完整、最科学的一部医药学著作《本草纲目》的编写工作，该书被达尔文赞为"中国古代的百科全书"。

李时珍撰写医药典籍，历时27年，其间，他访遍名山大川，尝遍百花野草，终于著成惊世骇俗的医学巨著《本草纲目》，正可谓"古来圣贤皆寂寞"。试想，如果他与众多的太医院判同流合污，为功名利禄所诱惑，或者不能忍受远涉深山旷野、遍访名医宿儒的寂寞，哪还能取得如此巨大的成就呢？

"静中念虑澄澈，见心之真体；闲中气象从容，识心之真机。""万物芸芸，各复归其根。归根曰静，是谓复命。"这些话无不是在启发我们：寂寞，是思想的考验，是精神的历程。人世浮沉，红尘喧嚣，耐得住寂寞，经得起诱惑，心灵才得其正，浮华归于沉寂，精彩方能体现。

成功要耐得住寂寞。

人生要耐得住寂寞。

释怀：
如何获得内心的平静

请记住，"人间没有永恒的夜晚，世界没有永恒的冬天"，不要苦恼，不要气馁，因为沉沉的黑夜是黎明的前奏，短暂的寂寞是成功的动力。

◎ 在心碎之处坚强起来

想谋求某个职位，却屡屡不能得到；想发挥才能，却没有条件，无人识才；经过大量努力做了很多工作，却不能达到目标……生活中几乎每一个人都经历过诸如此类的失败，不少人会为此哭泣、抱怨、悔恨和惋惜，并且会在很长一段时间内都难以从失败的阴影中解脱出来，甚至灰心丧气、一蹶不振。

其实大可不必，虽然失败的滋味让我们不好受，但是经历失败没有什么大不了的，因为失败也并不是那么可恶，甚至失败也有很积极的一面。正所谓"吃一堑，长一智""失败乃成功之母"，成功与失败总是并肩携手的，谁也离不开谁。我们不能只垂青成功，也要学会感谢失败，学会微笑以对。

被誉为"光明之父""世界发明大王"的托马斯·爱迪生，对于失败有着自己独特的理解。他说"每个人或多或少都经历过失败，因而失败是一件十分正常的事情。你想要取得成功，就必得以失败为阶梯。换言之，成功包含着失败"。

在研制白炽灯时，爱迪生遇到的最大困难是要寻找到灯丝的材料。他先用碳化物质做实验，失败后又以金属铂与铱的高熔点合金做灯丝实验，还做过上质矿石和矿苗等共 1 600 种不同的材料实验，结果均告失败。

有人问爱迪生："你已经失败了上千次，为什么还要继续实验？"

第四辑 做幸福的人
——爱与感恩，是生命中最美好的情感

爱迪生回答："失败？没有啊？！我只是知道了那些材料不能做灯丝而已。每失败一次，我就向成功又迈进了一步。"爱迪生将这些"失败"抛到脑后，继续坚持研究，最终成功研制出世界上第一枚电灯，给人类带来了光明。

"每失败一次，我就向成功又迈进了一步"，可见失败并不可怕，关键在于把失败当作试金石，积极地面对失败，善于从失败中学习，不断地总结失败的教训。这样，我们就能不断提高和完善自己，变得聪明，变得坚强，变得成熟，变得完美，完成一次次难得的自我蜕变，进而更好地表现和证明自己！

英国《泰晤士报》前总编辑哈罗德·埃文斯曾说过这样一段话：

"每个人或多或少都经历过失败，关于失败。我想说的唯一的一句话就是：失败是有价值的。面对失败，正确的做法是：首先要勇于正视失败，找出失败的真正原因，树立战胜失败的信心，然后忘掉关于过去失败的一切，以坚强的意志鼓励自己一步步走出阴影，走向辉煌。你想要取得成功，就必得以失败为阶梯。"

尝试——失败——分析原因、总结经验——再尝试……每经历一次失败，就会多一次收获。所以，遭遇失败的时候，我们更应该扪心自问一下："我为什么会遭遇失败？""我应该如何做才能将失败的损失降到最低？""我能够从这次失败中学到什么。""下次遇到这样的事情我应该怎么做。"……

就拿身边的小事说起做错了一道数学题，好好地分析总结一下，想办法从"做错了"的失败中得到经验，也就是解题的方法，下一次不就会了吗？做饭的时候，这次盐放多了，下次就少放点儿；这次盐放少了，下次就多放点儿。反复几次，不就能烧出一手不咸不淡的好

释怀：
如何获得内心的平静

菜了吗？

在成功面前，失败的次数不定。可能是一次两次，也可能是几十次，甚至成百上千次。谁都不知道下一次的成败。这样说来，失败难道不是一个磨炼意志的机会吗？倒了，站起来；再倒，再站起来……在无数次的跌倒站起中，我们渐渐具备了毅力，谁能说有毅力是坏事？你能做到，成功便不远了。

22岁，做生意失败；23岁，竞选州议员失败；24岁，做生意再次失败；25岁，当选州议员；28岁，竞选州议长失败；31岁，竞选入团失败；34岁，竞选国会议员失败；37岁，当选国会议员；39岁，国会议员连任失败；46岁，竞选参议员失败；47岁，竞选副总统失败；49岁，竞选参议员再次失败；51岁，当选美国总统……

这个人就是林肯，是公认的美国历史上最伟大的总统。他，就是在一次次的失败中，一次次地崛起，一步步地走向成功的。换句话说，林肯之所以是伟人，是因为他经历了比我们更多的失败，从中吸取了更多的经验教训，而且他在此期间锻造的钢铁般的意志，足以战胜任何事情。

的确，谁也没能力把你打倒，能打倒你的只有你自己，人生的成败全系于自己的抉择。人生不在于跌倒的次数有多少，只在于总是比跌倒的次数多站起来一次；不在于有没有遭遇失败，只在于决不被失败击倒。这正如海明威所说："世界击倒每一个人，之后，许多人在心碎之处坚强起来。"

感谢失败，因为有失败，才有反思；感谢失败，因为有失败，才有历练；感谢失败，让人告别天真，告别痴狂，告别鲁莽；感谢失败，让人成熟，让人理智，让人坚强，让人完美。失败是一个驿站，累了休息好，是为了下一段旅程的开始。回首成功这条艰难的路，真的要说一声："失败，谢谢你！"

◎ 坚持，再坚持，打磨出金子

事例一：

苏格拉底是古希腊著名的哲学家，有不少学生曾经拜他为师。一天，苏格拉底给学生们出了一道简单的考题：每天甩臂300下。一年以后，当苏格拉底问及谁坚持每天做甩臂运动时，只有一个学生孤零零地把手举了起来，这个学生叫柏拉图。他后来成为古希腊又一位伟大的哲学家。

事例二：

有一次，有人问小提琴大师弗里茨·克莱斯勒："你怎么演奏得这么棒，是不是运气好？"弗里茨·克莱斯勒微微一笑，回答道："这一切都是练习的结果。如果我一个月没有练习，观众能听出差别；如果我一周没有练习，我的妻子能听出差别；如果我一天没有练习，我自己能听出差别。"

这两个故事告诉我们一个道理：每一种成功的背后，都有不为人知的辛酸，但每一种成功也都有一个共同的秘诀，那就是坚持。如果怕苦怕累，没有恒心和毅力，三天打鱼，两天晒网，到头来只能一事无成。

的确，成功不是一件容易的事情，往往需要一个漫长的过程。我们必须有坚持不懈的劲头，坚持是解决一切困难的钥匙。打个形象的比喻，精美的金子不是生来就闪耀的，有的被埋藏旷野，有的被泥沙淹没，

释怀：
如何获得内心的平静

唯有坚持不懈地打磨和历练，金子才可能有一天发出炫目的光芒。

在这个世界上，平庸的人和杰出的人的不同之处就在于能否坚持。美国纺织品零售商协会曾经做过一项研究，结果显示：48%的推销员找过一个人之后不干了；25%的推销员找过两个人之后不干了；12%的推销员找过三个人之后继续干下去，而80%的生意是这12%的推销员做成的。

也许你会说："我一直都想成功，也试过了很多次，但一直都没有好的结果。"很多次是多少次？上百次，几十次，还是只有几次？成功的道路太艰难，路途太坎坷，而坚持不懈意味着一直坚持下去。有时候，成功往往离我们只有一步之遥，然而坚持者胜利了，动摇者退缩了，给自己留下终身遗憾。

有这样一幅漫画：一个人想挖一口井取水，他前前后后总共挖了五个洞，却都没有找到水。前三个洞所挖的深度，一个不如一个；第四个洞是当中最深的，离地下水仅有咫尺之遥；最后一个洞眼看就要挖到水了，只要再坚持一下就成功了，但是他似乎再也没有心思挖下去了，扛着铁锹离开了。挖了那么多的洞，却没有一个能坚持挖下去，怎么可能挖到水呢？若这个人有坚强的意志，能够坚持不懈地将洞打通成井，那么他可以少花几倍精力，就能找到水，获得成功。

事实上，那些彪炳史册的伟人，在经历无数次的否定和质疑时，丝毫不会放弃自己的人生目标。他们的意志力更强，坚持力更久，并朝着这个目标不断努力，最终取得了成功。正如丘吉尔所说："我的成功秘诀有三个，一是决不放弃；二是决不、决不放弃；三是决不、决不、决不能放弃！"

有一个郁郁不得志的年轻美国人，穷困潦倒极了，身上全部的钱加起来都买不了一件像样的西服，但是他有一个梦想，那就是当一名演员。于是，年轻人来到了好莱坞，向明星、导演、制片人等提出请求，说他想成为一名演员，但他一次又一次地被拒绝了。有人说他长相不够英俊，有人嫌弃他没有接受过任何专业的表演训练……总之，人们说他不具备做演员的条件。

一晃两年过去了，年轻人还是没有如愿当上演员，但是他没有因此而气馁，"既然不能成功当演员，能否换一个方法？"他想出了一个"迂回前进"的方法——写剧本，待剧本被导演看中后，再要求当演员。当时的好莱坞共有500家电影公司，他带着自己的剧本去拜访所有公司。三轮的拜访，1500次的拒绝，可以消耗一个年轻人所有的热情与激情。但他并不是普通的年轻人，他决定开始第1501次的拜访。

终于，在第四轮拜访第350家公司的时候，奇迹出现了。一个曾经多次拒绝过他的导演感动了，同意投资开拍他的剧本，他也据此争取到了一个男主角的机会。为了这一刻的到来，年轻人已经做了充足的准备——他成功了！这部电影就是之后红遍全世界的《洛奇》，而这位年轻人就是西尔维斯特·史泰龙。

西尔维斯特·史泰龙之所以能成为众人所知的巨星，是因为他的坚持，耐心地开始下一次拜访，坚持，坚持，再坚持。假设在第三轮之后，他就暂停了第1501次的拜访，那么现在还有这个巨星吗？还有他参与表演的电影佳作吗？他还能成就自己的演员梦、电影梦吗？相信你我心中都有答案。

成功＝99%的汗水＋1%的机遇和天才，只有坚持不懈地努力才能取得成功。

"骐骥一跃，不能十步；驽马十驾，功在不舍。"如果你现在还没

释怀：
如何获得内心的平静

有发现机遇，还没有什么成就，那么不妨问一问自己"我坚持了吗"，然后提醒自己坚持不懈地去努力，并且坚持，坚持，再坚持，付诸持之以恒的努力，相信是金子总会发光的！这个成功原则可用，而且永远适用。

◎ 南瓜是用电锯锯开的

现如今，激烈的竞争使我们承受了前所未有的压力，这些压力来自各个方面：工作上的、学业上的、感情上的、经济上的……人们最爱抱怨：压力太大了！在压力下，多数人情绪低落、心理焦虑，甚至有人感到几近窒息。不过，也有一些人能够在压力之下活得轻松自在，奋发图强，成就梦想。

我们不禁要问：难道这些人有什么异于常人的智慧？其实，他们如你我一样，都是普普通通的人。只不过，他们能够勇敢地面对压力，善于把压力置于自己的背后，让其成为一种推动力，迫使自己不断前进。是的，没有人随随便便就能成功，成功的原动力就是巨大的压力。

一艘货轮卸货后在返航的时候，突然遭遇巨大风暴，大家都惊慌失措。就在这个危急时刻，老船长果断下令："打开所有货舱，立刻往里面灌水。"往货舱里灌水？水手们惊呆了，这个时候本来就危险，怎么还能往里面灌水呢？险上加险，这不是自己给自己找麻烦吗？不是自寻死路吗？

只听老船长镇定地解释道："大家见过根深干粗的树被暴风刮倒过吗？被刮倒的是没有根基的小树。"水手们半信半疑地照着做了，虽然暴风巨浪依旧那么猛烈，但随着货舱里的水越来越高，货轮渐渐地平稳,不再害怕风暴的袭击了。

大家都松了一口气,纷纷请教船长是怎么回事。船长微笑着回答道:"一只空木桶很容易被风打翻,如果装满了水,风是吹不倒的。一样的道理,空船是最危险的,给船加点水,让船负重才是最安全的。"

"空船是最危险的,给船加点水,让船负重才是最安全的。"其实,人心何尝不是呢?心头放着一定的压力,才能砥砺出稳健的脚步。如果像一艘空船一样完全没有负担,那么一场人生的风雨就能将其彻底打倒。在生活中,在这个四周充满竞争的社会里,谁要是拒绝压力,谁就注定无法生存。

有一位哲人说过:"要想有所作为,要想过上更好的生活,就必须去面对一些常人所不能承受的压力,你得像古罗马的角斗士一样去勇敢地面对它、战胜它,这就是你必须走的第一步。"车尔尼雪夫斯基也说:"人最宝贵的东西是什么?是生活压力。大大小小的压力,是成功最好的动力。"

美国麻省的阿默斯特学院曾经做了一个很有意思的实验。

实验人员用很多铁圈把一个小南瓜整个箍住,然后观察当南瓜逐渐长大时,能够承受铁圈多大的压力。最初,他们估计南瓜最大能够承受大约500磅的压力。在实验的第一个月,南瓜承受了500磅的压力;实验到第二个月时,这个南瓜承受了1500磅的压力;当它承受到2000磅压力时,研究人员必须把铁圈捆得更牢,以免南瓜把铁圈撑开。最后,整个南瓜承受了超过5000磅的压力,瓜皮才产生破裂。

最后的实验是,实验人员把这个南瓜和其他南瓜放在一起,试着一刀剖下去,看质地有什么不同。当别的南瓜都随着手起刀落噗噗地打开的时候,这个南瓜却把刀弹开了,把斧子也弹开了。最后,这个

释怀：
  如何获得内心的平静

南瓜是用电锯锯开的：它的果肉的强度已经相当于一株成年的树干！因为在试图突破铁圈包围的过程中，这个南瓜正在全方位地伸展，吸收充分的养分，最终果肉变成了坚韧牢固的层层纤维。

假如南瓜能够承受如此巨大的压力，那么我们人类又能够承受多少压力呢？南瓜试验告诉我们，人们能够承受的压力往往超过自己的预期。同时也说明，只要我们积极应对，人们的承受力将会是无限的。如果能够用积极的态度和行动去应对压力，就能将压力化为成长的动力。

因此，压力不是什么大不了的事情，关键是我们如何看待。在压力面前，勇敢地去面对，并把压力化作动力，在压力的不断鞭策下，迫使自己不断前进，压力就成为成功的催化剂。我们要想在激烈的职场竞争中取胜，在工作的方方面面做到精益求精，就必须学会与压力共存，化压力为前进的动力。

从这个意义上说，我们需要好好感激压力。只要是自己能够承担的压力，就不妨在一段时间内，让压力来得更加猛烈些吧！像铁圈下的南瓜一样承受压力，敢于负重，勇于负重，善于负重，我们会因这近乎残酷的负重洗礼而变得更加强大，实现从焦虑到安然，从平庸到成功的跨越。